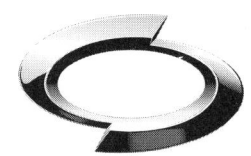

QM3

오버홀 매뉴얼

K9K 엔진 (TN6006A)

SAMSUNG 르노삼성자동차

2013.12

머리말

르노삼성자동차를 사랑해 주시는 여러분께 감사드립니다.

본 리페어 매뉴얼은 르노삼성자동차 QM3 차량에 대한 정비 지침서입니다. 본 정비 지침서에는 차량의 제원, 부품의 탈거 및 장착방법이 수록되어 있어 정비 작업 시 빠르고 정확하게 작업을 할 수 있도록 도와줍니다. 필요시 본 정비 지침서와 더불어 아래의 관련자료를 활용하여 주십시오. 또한 정비 시 반드시 부품 카탈로그를 참고하여 부품설정 등의 내용을 확인하시기 바랍니다.

본 매뉴얼은 2013년 12월을 기준으로 제작 및 발간되었습니다. 발간 이후, 르노삼성자동차의 지속적인 품질향상 정책에 따른 설계변경에 관한 정보는 르노삼성자동차 정비 포털 사이트에서 확인하실 수 있습니다.

끝으로 르노삼성자동차의 신차인 QM3 차량에 대한 성원과 사랑 부탁드립니다.

2013년 12월
르노삼성자동차주식회사
서비스 & 부품 엔지니어링팀

★ 관련자료

1. 리페어 매뉴얼 (MR469)
2. 바디 리페어 매뉴얼 (MR470)
3. 오버홀 매뉴얼 [K9K 엔진 (TN6006A)]

★ 르노삼성자동차 리페어 매뉴얼의 구입은 도서출판 골든벨 (전화 : 02-713-7452) 로 문의 하시기 바랍니다.

르노삼성자동차를 선택하는 또 하나의 이유 !

매뉴얼 구성

※MR469/470은 르노삼성자동차와 다르게 르노가 공통으로 관리하는 문서 번호임.

매뉴얼명	Chapter 명	Sub-chapter 명 및 번호
리페어 매뉴얼 (MR469)	0. 일반 정보	01A 차량의 기계적 사양
		01D 기계적인 소개
		04B 소모품 - 제품
	1. 엔진	10A 엔진 및 실린더 블록 어셈블리
		11A 엔진 탑 및 프론트
		12A 연료 혼합기
		12B 터보차저
		13A 연료 공급
		13B 디젤 분사
		13C 예열
		14A 공해 방지
		16A 시동 - 충전
		19A 냉각
		19B 배기 시스템
		19C 탱크
		19D 엔진 마운팅
	2. 변속기	20A 클러치
		23A 자동변속기
		29A 드라이브샤프트
	3. 샤시	30A 일반 정보
		31A 프론트 액슬 어셈블리
		33A 리어 액슬 어셈블리
		35B 타이어 프레셔 모니터링 시스템
		36A 스티어링 기어 어셈블리
		37A 샤시 컨트롤 장치
		37B 전자제어 파킹 브레이크
		38C ABS
	6. 에어컨	61A 히팅 시스템
		62A 에어 컨디셔닝 시스템

매뉴얼 구성

매뉴얼명	Chapter 명	Sub-chapter 명 및 번호
리페어 매뉴얼 (MR469)	8. 전장	80A 배터리
		80B 프론트 라이팅 시스템
		81A 리어 라이팅 시스템
		81B 실내 라이팅
		81C 퓨즈
		82A 이모빌라이저 시스템
		83A 컴비네이션 미터
		83C 내비게이션 시스템
		83D 크루즈 컨트롤
		84A 스위치 장치
		85A 와이퍼 및 워셔
		86A 라디오
		87B 바디 컨트롤 시스템
		87F 파킹 에이드 시스템
		87G IPDM
		88A 컴퓨터 장치
		88C 에어백 및 프리텐셔너
		88D 시가잭

매뉴얼 구성

매뉴얼명	Chapter 명	Sub-chapter 명 및 번호
바디 리페어 매뉴얼 (MR470)	0. 일반 정보	01C 바디 제원
		02A 리프팅
	4. 판금 작업	40A 일반 사항
		41A 프론트 로어 스트럭쳐
		41B 센터 로어 스트럭쳐
		41C 사이드 로어 스트럭쳐
		41D 리어 로어 스트럭쳐
		42A 프론트 어퍼 스트럭쳐
		43A 사이드 어퍼 스트럭쳐
		44A 리어 어퍼 스트럭쳐
		45A 바디 어퍼 스트럭쳐
		47A 사이드 도어 패널
		48A 사이드 도어 이외 패널
	5. 메커니즘과 액세서리	51A 사이드 도어 메커니즘
		52A 사이드 도어 이외 메커니즘
		54A 윈도우
		55A 외장 보호 트림
		56A 외장 장착 부품
		57A 내장 장착 부품
	7. 내·외장 트림	71A 인테리어 트림
		72A 사이드 도어 트림
		73A 사이드 도어 이외 트림
		75A 프론트 시트 프레임과 러너
		76A 리어 시트 프레임과 러너

매뉴얼 구성

매뉴얼명	Chapter 명	Sub-chapter 명 및 번호
바디 리페어 매뉴얼 (MR470)	첨부판 (판금 작업 데이터)	1 재질 변환표 및 고장력 강판 (HSS) 작업 방법 : 일반 설명
		2 바디 얼라인먼트 : 일반 설명
		4 바디 실링 : 설명

매뉴얼명	Chapter 명	Sub-chapter 명 및 번호
오버홀 매뉴얼	K9K 엔진 오버홀 (TN6006A)	10A 엔진 및 실린더 블록 어셈블리

사양 구분

카테고리	적용 사양
차종	QM3
엔진 / 변속기	K9K
	DC4
파킹 에이드 시스템	파킹 에이드 센서 적용
	파킹 에이드 센서 미적용
에어컨	수동 에어컨
	자동 에어컨
	자동 에어컨 / 3 존 에어컨
이오나이저	이오나이저 적용
	이오나이저 미적용
와이퍼 시스템	레인 센싱 와이퍼 적용
	레인 센싱 와이퍼 미적용
브레이크	ESP 적용
	ESP 미적용
TPMS	타이어 프레셔 모니터링 시스템 적용
	타이어 프레셔 모니터링 시스템 미적용
파킹 브레이크	전자제어 파킹 브레이크 적용
	전자제어 파킹 브레이크 미적용
AV 시스템	네비게이션 적용
히팅 시트	히팅 시트 적용
	히팅 시트 미적용
조정식 시트	전동 시트 적용
	전동 시트 미적용
선루프	선루프 미적용
	선루프 적용
스마트 키	스마트 키 적용
	스마트 키 미적용
트림 레벨	EA 1
	EA 2
	EA 3
	EA 4
에어백	프론트 사이드 에어백 / 사이드 커튼 에어백 적용

참조 사용 방법

참조 사용 방법

1. 다른 매뉴얼로 참조시
   - 작업내용 (매뉴얼명, Sub-chapter 번호, Sub-chapter 명, 작업명 참조)
2. 같은 매뉴얼, 다른 Sub-chapter로 참조시
   - 작업내용 (Sub-chapter 번호, Sub-chapter 명, 작업명 참조)
3. 같은 매뉴얼, 같은 Sub-chapter로 참조시 (리페어/바디 매뉴얼)
   - 작업내용 (Sub-chapter 번호, Sub-chapter 명, 작업명 참조)

사용 예)
- 리어 범퍼를 탈거한다 (MR 437 바디 리페어 매뉴얼, 55A, 외장 보호 트림, 리어 범퍼 : 탈거 - 장착 참조).

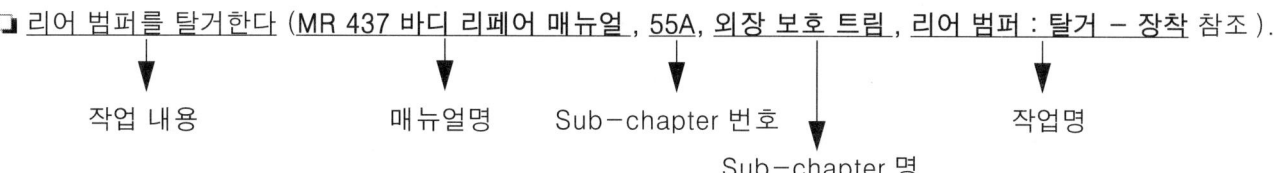

작업 내용   매뉴얼명   Sub-chapter 번호   작업명

Sub-chapter 명

사양 구분 및 참조 사용 예

엔진 및 실린더 블록 어셈블리
엔진 및 변속기 어셈블리 : 탈거 - 장착

10A

L43/M4R ← 가

탈거

I - 탈거 준비 작업

경고
작업 중 차량이 균형을 잃지 않도록 스트랩을 사용하여 차량을 리프트에 고정한다.

나 → 차량을 2 주식 리프트에 위치시킨다 (02A, 리프팅, 차량 : 견인 및 리프팅 참조).

M4RK

다 → IPDM 커버를 탈거한다 (87G, IPDM E/R, IPDM: 탈거 - 장착 참조).

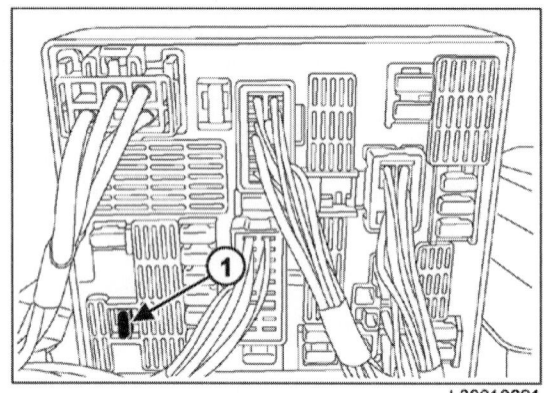

- 연료 펌프의 퓨즈 (1) (F13) (15A) 를 탈거한다.
- 엔진을 시동하여 연료 라인에서 연료 압력을 해제한다.

참고 :
- 엔진 정지 후에도 잔여 연료 압력을 해제하기 위해 2~3 회 시동을 반복한다.

M4RN

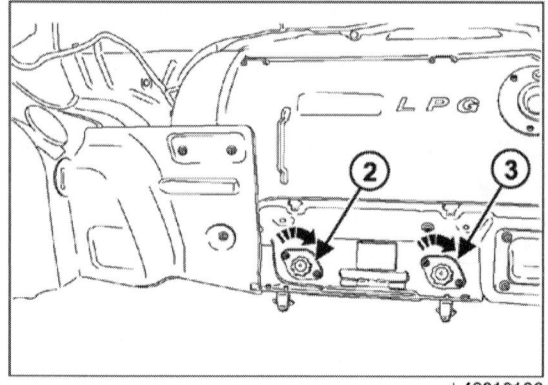

- 엔진이 작동 중일 때 인렛 핸들 (2) 과 아웃렛 핸들 (3) 을 닫는다.
- LPG 탱크와 엔진 사이의 파이프에 있는 LPG 를 모두 사용한다.

참고 :
LPG 스위치만 제어하는 경우, 다량의 LPG 가 누출될 수 있다. LPG 파이프에 있는 LPG 를 모두 사용해야 한다.

- 밸브 케이스를 닫는다.
- 엔진을 끈 후 이그니션 스위치를 OFF 시킨다.
- 배터리 단자를 분리한다 (80A, 배터리, 배터리 : 탈거 - 장착 참조).

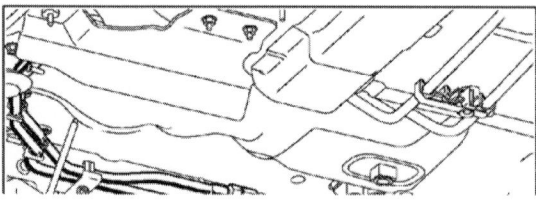

㉮ 작업 전체에 적용되는 사양을 표시.
㉯ 작업 일부분에 적용되는 사양을 표시.
㉰ 참조 사용 예.

르노삼성자동차

| 1 | K9K 엔진 오버홀 (TN6006A) |

르노삼성자동차

1. K9K 엔진 오버홀 (TN6006A)

10A 엔진 및 실린더 블록 어셈블리

J87

2013. 12

본 리페어 매뉴얼은 2013년 12월의 양산 차량을 기준으로 작성하였으며, 향후 차량의 설계 변경에 따라 실차와 다른 내용이 있을 수 있으므로, 양해를 구합니다.

주 : 설계 변경에 대한 정보는 www.rsmservice.com 을 참조하여 주시기 바랍니다.

이 문서의 모든 권리는 르노삼성자동차에 있습니다.

© 르노삼성자동차(주), 2013

Technical Note 6006A
K9K 엔진 오버홀 매뉴얼

목차

페이지

10A 엔진 및 실린더 블록 어셈블리

엔진 : 사전 주의사항	10A-1
엔진 : 사양	10A-3
엔진 : 표준 교환	10A-7
엔진 : 신품 교환	10A-9
엔진 서포트 장비 : 사용	10A-11
캠샤프트 : 점검	10A-14
실린더 헤드 : 분해 – 재조립	10A-18
실린더 헤드 : 청소	10A-21
실린더 헤드 : 점검	10A-22
밸브 : 탈거 – 장착	10A-26
밸브 : 점검	10A-33
피스톤 – 커넥팅 로드 : 탈거 – 장착	10A-40
피스톤 – 커넥팅 로드 : 점검	10A-48
크랭크샤프트 : 탈거 – 장착	10A-56
크랭크샤프트 : 점검	10A-62
피스톤 베이스 냉각 노즐 : 탈거 – 장착	10A-70
실린더 블록 : 탈거 – 장착	10A-76
실린더 블록 : 청소	10A-82
실린더 블록 : 점검	10A-83

엔진 및 실린더 블록 어셈블리
엔진 : 사전 주의사항

10A

J87/K9K

I - 안전성

일반 정보

본 매뉴얼 상의 모든 정보는 자동차 업계에 종사하는 전문가에 한하여 제공된다.

이 설명서는 전 세계의 **르노삼성자동차** 공장에서 생산되는 모든 차량에 적용할 수 있도록 제작되었으나, 특정 국가에서 사용할 목적으로 설계된 일부 장비에 대해서는 적용되지 않는다.

이 매뉴얼에 설명된 권장되는 절차 및 결함 파악 절차는 자동차 산업 정비 전문가에 의해 설계되었다.

a - 일반 권장사항

차량 정비 기본 원칙을 준수한다.

정비 품질은 정비를 수행하는 사람이 얼마나 정성을 기울이는가에 달려 있다.

우수한 정비를 위해 다음과 같이 한다 :

- 권장되는 전문 제품과 순정 부품을 사용한다,
- 규정 토크를 준수한다,
- 탈거, 장착 또는 교환 작업 후에 항상 교환해야 하는 부품에 대한 권장사항을 준수한다,
- 올바르게 접착할 수 있도록, 접착할 부분을 청소하고 그리스를 제거한다.

> **주의**
> 올바르게 씰링하려면 가스켓 표면에 물기, 기름기 지문 등이 없이 깨끗해야 한다.

> **주의**
> 알루미늄 조인트 표면이 긁히지 않도록 한다. 접촉면이 손상되면 누출이 발생할 수 있다.

차량 설계 품질 상의 이유로 정비 중에 아무것도 남지 않아야 한다. 따라서 부품이나 구성부품이 원래 위치에 장착되어야 한다 (예 : 히트 프로텍터, 와이어링 경로, 파이프 경로 등).

전문 제품을 주의해서 사용한다. 예를 들어, 엔진 오일 또는 냉각수 파이프가 막히지 않도록 하기 위해 조인트 표면에 너무 많은 접착제를 도포하지 않는다.

> **주의**
> 접착제를 과도하게 사용하면 부품 체결 시 접착제가 밀려나올 수 있다. 접착제와 오일이 섞이면 특정 구성부품 (엔진, 라디에이터 등) 이 손상될 수 있다.

b - 특수 공구 - 사용 편의성

어떠한 수리 작업은 특수 공구를 사용하도록 설계되었다. 따라서 높은 수준의 작업 안전성과 정비 품질을 얻으려면 이러한 공구를 사용하여 수리 작업을 수행해야 한다.

르노삼성자동차 순정 장비는 철저한 연구와 테스트를 거쳤으므로 주의해서 사용하고 유지 보수해야 한다.

c - 안전성

어떤 장치와 부품은 안전과 청결에 각별히 관심을 가지고, 무엇보다도 세심한 주의를 기울여 다루어야 한다.

이 매뉴얼에 사용된 경고, 주의 정보는 작업 또는 규정 토크 값에 특히 주의를 기울여야 함을 나타낸다.

작업 안전 :

- 양호한 상태의 적합한 공구를 사용한다. 가능한 한 조정 가능한 플라이어와 같은 《다목적》공구의 사용은 피해야 한다,
- 무거운 작업을 수행하거나 중량물을 들어올릴 경우에는 지지대를 정확히 설치하고 바른 자세를 취한다,
- 작업 중 작업장이 청결하고 정돈되어 있는지 점검한다,
- 개인 보호 장구 (예 : 장갑, 보안경, 안전화, 마스크, 피부 보호 연고) 를 사용한다,
- 관련 작업에 해당되는 안전 지침을 항상 따른다,
- 작업 중에는 금연한다,
- 밀폐된 곳에서는 위험 물질을 취급하지 않는다,
- 화학 물질 (예 : 브레이크 오일, 냉각수) 을 삼키거나 피부에 접촉하지 않는다.

환경 보호 :

- 폐기물은 그 특성에 따라 분류한다,
- 폐기 부품 (예 : 타이어) 을 태우지 않는다.

d - 결론

이 문서에 포함된 절차에 주의를 기울인다. 부상 위험을 줄이고 잘못된 절차를 적용하여 차량 손상 또는 사용 상 위험을 유발하지 않도록 이들 절차를 주의 깊게 읽는다.

권장 절차를 따르면 우수한 서비스 품질을 달성하여 높은 수준의 차량 성능 및 신뢰성을 얻을 수 있다.

차량이 안전하고 안정되게 작동하도록 유지 보수 및 정비 작업은 올바른 조건에서 수행해야 한다.

엔진 및 실린더 블록 어셈블리
엔진 : 사전 주의사항

10A

J87/K9K

II - 청결

오염 관련 위험

보호 봉지

예를 들어, 접착 테이프를 사용하여 다시 밀봉할 수 있는 비닐 봉지에 재사용할 탈거 구성부품을 싸서 보관한다. 이렇게 보관한 부품은 오염 위험이 줄어든다.

이런 봉지는 1 회용이므로 사용 후 안전하게 폐기해야 한다.

엔진 및 실린더 블록 어셈블리
엔진 : 사양

10A

J87/K9K

I – 엔진 식별

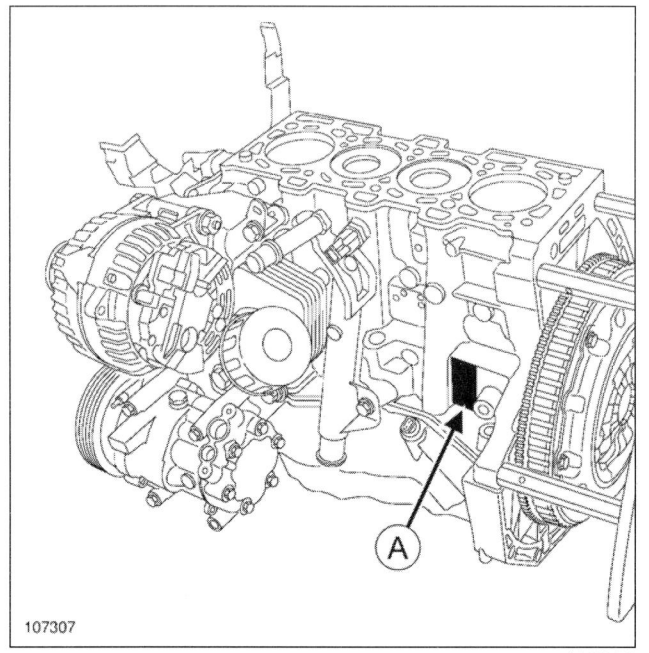

107307

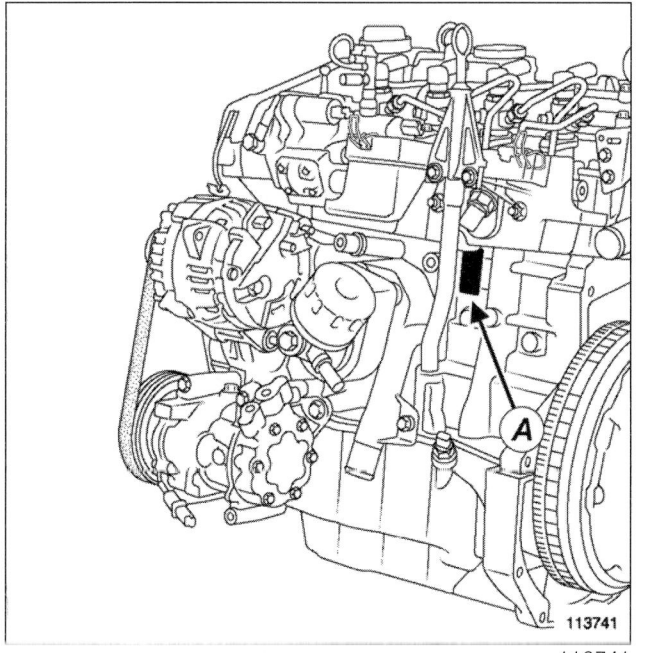

113741

엔진은 실린더 블록에 위치한 표시 (A) 로 식별할 수 있다 (차량에 따라 다름).

마킹 세부 정보

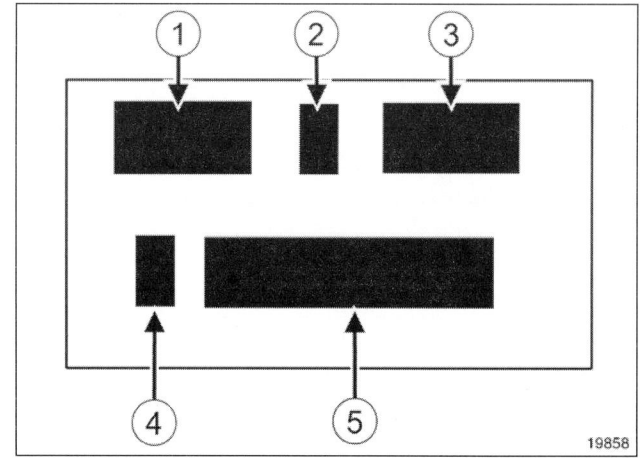

19858

마킹은 다음으로 구성된다 :

– (1): 엔진 형식

– (2): 엔진 승인서

– (3): 엔진 사양

– (4): 엔진 조립 공장 (D = 스페인의 Valladolid 공장, B = 터키의 Oyak 공장)

– (5): 엔진 생산 번호

10A-3

엔진 및 실린더 블록 어셈블리
엔진 : 사양

10A

J87/K9K

II – 엔진 사양 테이블

엔진 유형	엔진 표시	배기가스 표준	용적 (cc)	내 경 (mm)	스트로크 (mm)	압축비
K9K	260	Euro 3	1461	76	80.5	18.25 / 1
	262					17.9 / 1
	264	Euro 4				17.6 / 1
	266					
	270	Euro 3				17.9 / 1
	272					18.25 / 1
	274	Euro 4				17.6 / 1
	276					
	278					15.3 / 1
	282					
	288					
	292					
	450	Euro 5				15.2 / 1
	452					
	608					
	609					
	612					
	636					
	856					
	858					
	700	Euro 1 또는 Euro 3				18.25 / 1
	702					
	704	Euro 3				17.6 / 1 또는 17.9 / 1 또는 18.25 / 1
	706	Euro 1 또는 Euro 3				17.9 / 1
	710	Euro 3				18.25 / 1
	712					
	714	Euro 4				17.9 / 1
	716					
	718					

엔진 및 실린더 블록 어셈블리
엔진 : 사양

10A

J87/K9K

엔진 유형	엔진 표시	배기가스 표준	용적 (cc)	내경 (mm)	스트로크 (mm)	압축비
K9K	728	Euro 1 또는 Euro 3	1461	76	80.5	17.6 / 1 또는 17.9 / 1
	729					
	732	Euro 4				15.3 / 1
	734					
	740	Euro 4				17.6 / 1
	750	Euro 1 또는 Euro 3				
	752					
	760	Euro 4				17.9 / 1
	762					
	764					15.3 / 1
	766					17.9 / 1
	768					
	770	Euro 5				15.2 / 1
	772	Euro 4				15.3 / 1
	774	Euro 4 또는 Euro 5				15.2 / 1
	780	Euro 4				15.3 / 1
	782	Euro 5				15.2 / 1
	790	Euro 1 또는 Euro 3				17.9 / 1
	792	Euro 4				
	794	Euro 3				
	796	Euro 4				17.6 / 1
	800					
	802					
	804					15.3 / 1
	806					
	808	Euro 5				15.2 / 1
	812	Euro 1 또는 Euro 3				17.6 / 1
	816	Euro 5				15.2 / 1
	820					
	826	Euro 1 또는 Euro 3 또는 Euro 4				

엔진 및 실린더 블록 어셈블리
엔진 : 사양

10A

J87/K9K

엔진 유형	엔진 표시	배기가스 표준	용적 (cc)	내 경 (mm)	스트로크 (mm)	압축비
K9K	830	Euro 4	1461	76	80.5	17.6 / 1
	832					15.3 / 1
	834	Euro 5				15.2 / 1
	836					
	837					
	838	Euro 3				17.6 / 1 또는 17.9 / 1
	842					15.3 / 1
	846	Euro 5				
	884	Euro 1 또는 Euro 3 또는 Euro 4				15.2 / 1
	886					
	890	Euro 1 또는 Euro 3				17.6 / 1
	892	Euro 5				15.2 / 1
	894					
	896					
	898					

엔진 및 실린더 블록 어셈블리
엔진 : 표준 교환

10A

J87/K9K

표준 엔진 교환

1 - 기존 엔진을 엔진 정비 공장으로 보내기 위한 준비 작업
- 엔진을 청소한다.
- 다음을 배출한다 :
  - 엔진 오일 (엔진 오일 – 오일 필터 : 배출 – 주입 참조),
  - 냉각수 (냉각 회로 : 배출 – 주입 참조).
- 기존 엔진을 표준 교환용 엔진과 같은 상태로 스탠드에 고정한다 :
  - 플라스틱 플러그 및 커버를 장착한다 ,
  - 전체 어셈블리 위에 판지 커버를 장착한다 .

2 - 기존 엔진에 그대로 두거나 반송 박스에 넣을 부품 :
- 기존 엔진에 그대로 두거나 반송 박스에 넣을 부품 :
  - 엔진 오일 레벨 게이지 ,
  - 오일 필터 및 해당 서포트 ,
  - 실린더 헤드 및 피팅 ,
  - 워터 펌프 ,
  - 진공 펌프 ,
  - 고압 펌프 ,
  - 고압 레일 ,
  - 인젝터 ,
  - 글로우 플러그 ,
  - 크랭크샤프트 풀리 ,
  - 전체 타이밍 표면 ,
  - 타이밍 커버 ,
  - 클러치 ,
  - 플라이휠 ,
  - 리프팅 링 .

3 - 기존 엔진에서 탈거하고 신품 엔진에 장착할 부품
- 기존 엔진에서 다음 부품을 탈거한다 :
  - 모든 엔진 냉각 회로 파이프 ,
  - 모든 엔진 에어 회로 파이프 ,
  - 디젤 엔진 ECM,
  - 엔진 커버 ,
  - 인렛 에어 플랩 (엔진 사양에 따라 다름),
  - 실린더 헤드의 워터 아웃렛 ,
  - 냉각수 인렛 파이프 ,
  - 배기 매니폴드 ,
  - 터보차저 ,
  - 터보차저 아웃렛 배기 가스 덕트 (엔진 사양에 따라 다름),
  - EGR 어셈블리 (솔레노이드 밸브 , 서포트 , 쿨러 , 엔진 사양에 따라 다름),
  - 알터네이터 ,
  - 스타터 ,
  - 에어 컨디셔닝 컴프레서 (장착된 경우),
  - 파워 스티어링 펌프 (장착된 경우),
  - 드라이브 벨트 아이들러 풀리 (장착된 경우),
  - 멀티펑션 서포터 ,
  - 오일 압력 센서 ,
  - 캠샤프트 포지션 센서 ,
  - 크랭크샤프트 포지션 센서 ,
  - 냉각수 온도 센서 ,
  - 배기 가스 온도 센서 (엔진 사양에 따라 다름),
  - 배기 가스 압력 센서 (엔진 사양에 따라 다름),
  - 오일 레벨 센서 (장착된 경우),
  - 오일 쿨러 ,
  - 가속 센서 (장착된 경우),
  - 카탈리틱 컨버터 (엔진 사양에 따라 다름),
  - 카탈리틱 프리 - 컨버터 (엔진 사양에 따라 다름),
  - 실린더 헤드 마운팅 .

4 - 항상 교환해야 하는 부품
- 다음을 항상 신품으로 교환한다 :
  - 터보차저 스터드 ,
  - 터보차저 너트 ,
  - 배기 매니폴드 스터드 ,
  - 베기 메니폴드 너트 ,
  - 드라이브 벨트 ,
  - 드라이브 벨트 텐션 풀리 및 해당 볼트 ,
  - 드라이브 벨트 아이들러 풀리 (장착된 경우),
  - EGR 솔레노이드 밸브 씰 ,
  - 인렛 에어 플랩 씰 (장착된 경우),
  - 엔진 오일 레벨 게이지 가이드 튜브 씰 ,
  - 워터 아웃렛 씰 ,
  - 터보차저 씰 ,
  - 배기 매니폴드 가스켓 ,

엔진 및 실린더 블록 어셈블리
엔진 : 표준 교환

10A

J87/K9K

- 크랭크샤프트 포지션 센서 씰,
- 캠샤프트 포지션 센서 씰,
- 냉각수 온도 센서 씰,
- 터보차저 오일 리턴 파이프 씰,
- EGR 파이프 씰,
- 터보차저에 터보차저 오일 공급 파이프 및 해당 볼트,
- EGR 파이프 클립,
- EGR 파이프 및 해당 마운팅,
- 냉각 회로 호스 (손상된 경우).

❏ 기존 엔진에서 탈거한 부품을 신품 엔진에 장착한다.

엔진 및 실린더 블록 어셈블리
엔진 : 신품 교환

10A

J87/K9K

신품 교환용 엔진

1 - 기존 엔진을 엔진 정비 공장으로 보내기 위한 준비 작업

- 엔진을 청소한다.
- 다음을 배출한다 :
  - 엔진 오일 (엔진 오일 - 오일 필터 : 배출 - 주입 참조),
  - 냉각수 (냉각 회로 : 배출 - 주입 참조).
- 기존 엔진을 표준 교환용 엔진과 같은 상태로 스탠드에 고정한다 :
  - 플라스틱 플러그 및 커버를 장착한다 ,
  - 전체 어셈블리 위에 판지 커버를 장착한다 .

2 - 기존 엔진에 그대로 두거나 반송 박스에 넣을 부품 :

- 기존 엔진에 그대로 두거나 반송 박스에 넣을 부품 :
  - 엔진 오일 레벨 게이지 ,
  - 오일 필터 및 해당 서포트 ,
  - 실린더 헤드 및 피팅 ,
  - 워터 펌프 ,
  - 진공 펌프 ,
  - 고압 펌프 ,
  - 고압 레일 ,
  - 인젝터 ,
  - 글로우 플러그 ,
  - 크랭크샤프트 풀리 ,
  - 전체 타이밍 표면 ,
  - 타이밍 커버 ,
  - 리프팅 링 .

3 - 기존 엔진에서 탈거하고 신품 엔진에 장착할 부품

- 기존 엔진에서 다음 부품을 탈거한다 :
  - 플라이휠 ,
  - 클러치 ,
  - 모든 엔진 냉각 회로 파이프 ,
  - 모든 엔진 에어 회로 파이프 ,
  - 디젤 엔진 ECM,
  - 엔진 커버 ,
  - 인렛 에어 플랩 (엔진 사양에 따라 다름),
  - 실린더 헤드의 워터 아웃렛 ,
  - 냉각수 인렛 파이프 ,
  - 배기 매니폴드 ,
  - 터보차저 ,
  - 터보차저 아웃렛 배기 가스 덕트 (엔진 사양에 따라 다름),
  - EGR 어셈블리 (솔레노이드 밸브 , 서포트 , 쿨러 , 엔진 사양에 따라 다름),
  - 알터네이터 ,
  - 스타터 ,
  - 에어 컨디셔닝 컴프레서 (장착된 경우),
  - 파워 스티어링 펌프 (장착된 경우),
  - 드라이브 벨트 아이들러 풀리 (장착된 경우),
  - 멀티펑션 서포터 ,
  - 오일 압력 센서 ,
  - 캠샤프트 포지션 센서 ,
  - 크랭크샤프트 포지션 센서 ,
  - 냉각수 온도 센서 ,
  - 배기 가스 온도 센서 (엔진 사양에 따라 다름),
  - 배기 가스 압력 센서 (엔진 사양에 따라 다름),
  - 오일 레벨 센서 (장착된 경우),
  - 오일 쿨러 ,
  - 가속 센서 (장착된 경우),
  - 카탈리틱 컨버터 (엔진 사양에 따라 다름),
  - 카탈리틱 프리 - 컨버터 (엔진 사양에 따라 다름),
  - 실린더 헤드 마운팅 .

4 - 항상 교환해야 하는 부품

- 다음을 항상 신품으로 교환한다 :
  - 플라이휠 볼트 ,
  - 터보차저 스터드 ,
  - 터보차저 너트 ,
  - 배기 매니폴드 스터드 ,
  - 배기 매니폴드 너트 ,
  - 드라이브 벨트 ,
  - 드라이브 벨트 텐션 풀리 및 해당 볼트 ,
  - 드라이브 벨트 아이들러 풀리 (장착된 경우),
  - EGR 솔레노이드 밸브 씰 ,
  - 인렛 에어 플랩 씰 (장착된 경우),
  - 엔진 오일 레벨 게이지 가이드 튜브 씰 ,
  - 워터 아웃렛 씰 ,
  - 터보차저 씰 ,

엔진 및 실린더 블록 어셈블리
엔진 : 신품 교환

10A

J87/K9K

- 배기 매니폴드 가스켓,
- 크랭크샤프트 포지션 센서 씰,
- 캠샤프트 포지션 센서 씰,
- 냉각수 온도 센서 씰,
- 터보차저 오일 리턴 파이프 씰,
- EGR 파이프 씰,
- 터보차저에 터보차저 오일 공급 파이프 및 해당 볼트,
- EGR 파이프 클립,
- EGR 파이프 및 해당 마운팅,
- 냉각 회로 호스 (손상된 경우).

❏ 기존 엔진에서 탈거한 부품을 신품 엔진에 장착한다.

엔진 및 실린더 블록 어셈블리
엔진 서포트 장비 : 사용

10A

J87/K9K

특수 공구	
RSM 9000	엔진 서브 어태치먼트

필요 장비
엔진 스탠드
워크샵 호이스트

규정 토크 ⊖	
엔진 서브 어태치먼트 바디 마운팅 볼트	196 N.m
바디측 엔진 서브 어태 치먼트 암 마운팅 볼트	160 N.m
엔진 서브 어태치먼트 파이프 및 암의 마운팅 볼트	95 N.m
엔진 서브 어태치먼트 파이프 및 암의 마운팅 너트	95 N.m

I - 작업 전 준비사항

경고

안전한 엔진 작업을 위해서는 엔진에 맞는 스탠드를 사용한다.

엔신 스탠드는 최소 135kg 의 적재중량을 지탱할 수 있어야 한다.

경고

작업 중에는 보호 장갑을 착용한다.

- 엔진 및 변속기 어셈블리를 탈거한다 (**엔진 - 변속 기 어셈블리 : 탈거 - 장착** 참조).
- 엔진에서 자동변속기를 탈거한다 (**자동변속기 : 탈 거 - 장착** 참조).

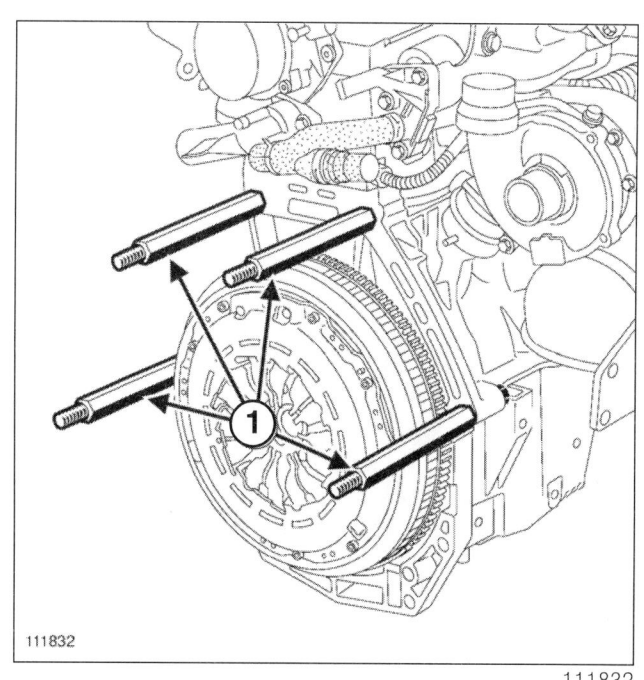

경고

엔진 스탠드를 사용할 때 에는 안전을 위해 엔진 서브 어태치먼트를 4 개 이상 장착해야 한다 .

- 특수 공구 (RSM 9000) 파이프 (1) 를 가체결한다 .

엔진 및 실린더 블록 어셈블리
엔진 서포트 장비 : 사용

10A

J87/K9K

II – 엔진 장착 작업

- 워크샵 호이스트를 사용하여 엔진 어셈블리를 엔진 스탠드의 중심에 위치시킨다.

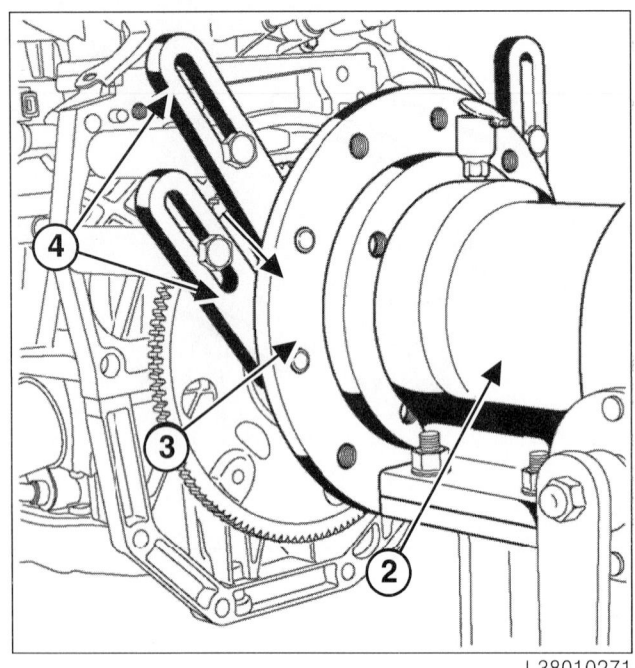

- 다음을 엔진 스탠드 (2) 에 장착한다 :
  - 특수 공구 (RSM 9000) 바디 (3),
  - 특수 공구 (RSM 9000) 바디 마운팅 볼트 (4).
- 특수 공구 (RSM 9000) 바디 마운팅 볼트 (5) 를 규정 토크 (196 N.m) 로 조인다.

- 엔진 스탠드 (2) 에 다음을 가체결한다 :
  - 특수 공구 (RSM 9000) 암 (4),
  - 특수 공구 (RSM 9000) 암 마운팅 볼트 (6).
- 엔진 어셈블리에 특수 공구 (RSM 9000) 암 (4) 의 위치를 맞춘다.
- 다음을 규정 토크로 조인다.
  - 특수 공구 (RSM 9000) 암 바디측 마운팅 볼트 (160 N.m),
  - 특수 공구 (RSM 9000) 암 파이프측 마운팅 볼트 (95 N.m),
  - 특수 공구 (RSM 9000) 암 파이프측 마운팅 너트 (95 N.m).

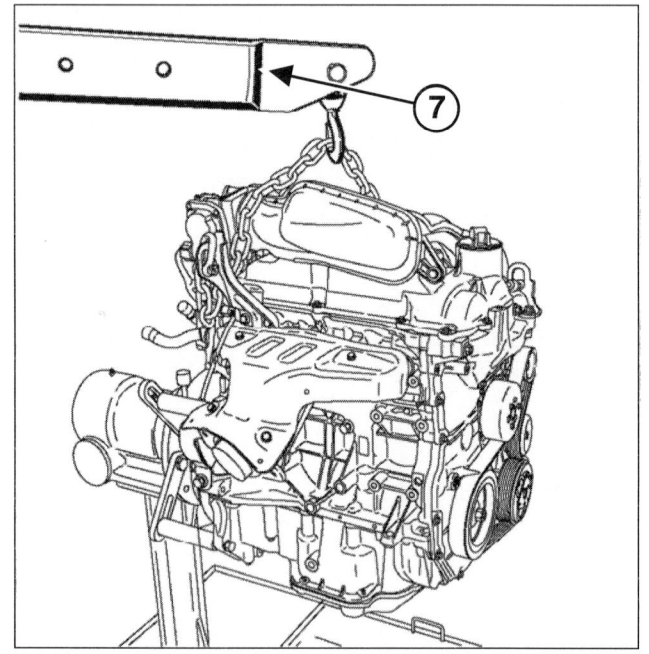

-

> **경고**
> 안전을 위해 워크샵 호이스트를 엔진 스탠드에서 천천히 분리한다.

- 워크샵 호이스트 (7) 를 분리한다.

III – 엔진 탈거 작업

- 워크샵 호이스트를 연결한다.
- 다음을 탈거한다 :
  - 특수 공구 (RSM 9000) 암 파이프측 마운팅 너트,
  - 특수 공구 (RSM 9000) 암 파이프측 마운팅 볼트,
  - 특수 공구 (RSM 9000) 파이프.
- 특수 공구 (RSM 9000) 에서 엔진 어셈블리를 분리한다.

엔진 및 실린더 블록 어셈블리
엔진 서포트 장비 : 사용

10A

J87/K9K

❏ 다음을 탈거한다 :
- 특수 공구 (RSM 9000) 암 바디측 마운팅 볼트,
- 특수 공구 (RSM 9000) 암,
- 특수 공구 (RSM 9000) 바디 마운팅 볼트,
- 특수 공구 (RSM 9000) 바디.

IV – 최종작업

❏ 엔진에 자동변속기를 장착한다 (**자동변속기 : 탈거 – 장착** 참조).

❏ 엔진 및 변속기 어셈블리를 장착한다 (**엔진 – 변속기 어셈블리 : 탈거 – 장착** 참조).

엔진 및 실린더 블록 어셈블리
캠샤프트 : 점검

10A

J87/K9K

필요 장비
압축 공기 노즐
외부 마이크로미터
다이얼 게이지 서포트
다이얼 게이지
회전방향 움직임 측정 테이프

I - 점검 준비 작업

경고

수리 작업 전 시스템 손상의 우려가 있는 모든 위험을 방지하기 위해 안전, 청결 지침 및 작업에 대한 가이드라인을 확인한다 (10A, 엔진 및 실린더 블록 어셈블리, 엔진 : 사전 주의사항 참조).

캠샤프트를 탈거한다 (**캠샤프트 : 탈거 - 장착** 참조).

점검 전 주의사항 :

- 파워 클리너 - 콘테이너 (차량 : 정비용 소모품 참조) 를 사용하여 캠샤프트를 청소하고 **압축 공기 노즐**을 사용하여 건조한다,
- 캠샤프트가 긁히지 않았고 충격이나 비정상적인 마모의 흔적이 없는지 점검한다 (필요한 경우 캠샤프트 교환).

II - 캠샤프트 점검 작업

1 - 캠샤프트 식별

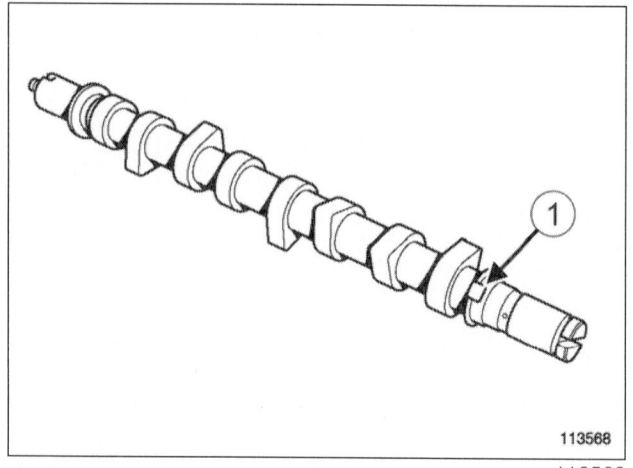

캠샤프트는 실린더에 표시하는 **4 톱니 타깃 (1)** 을 사용하여 진공 펌프측에 장착할 수 있다.

2 - 캠샤프트 타이밍 스프로켓

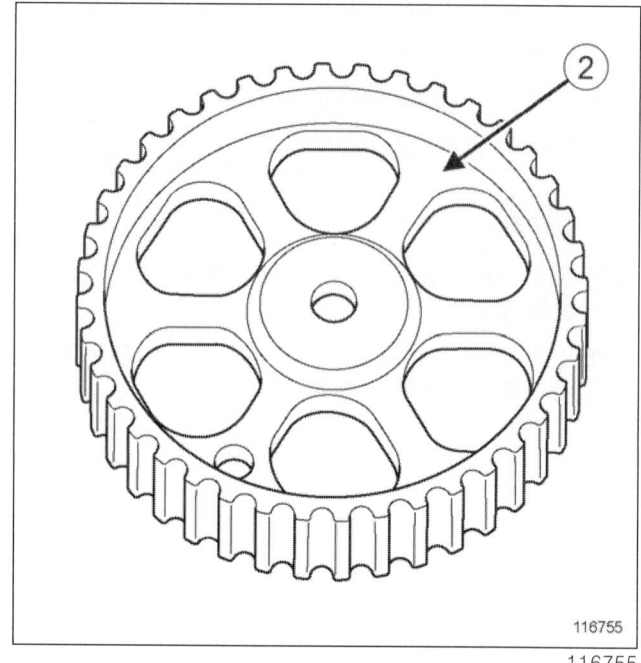

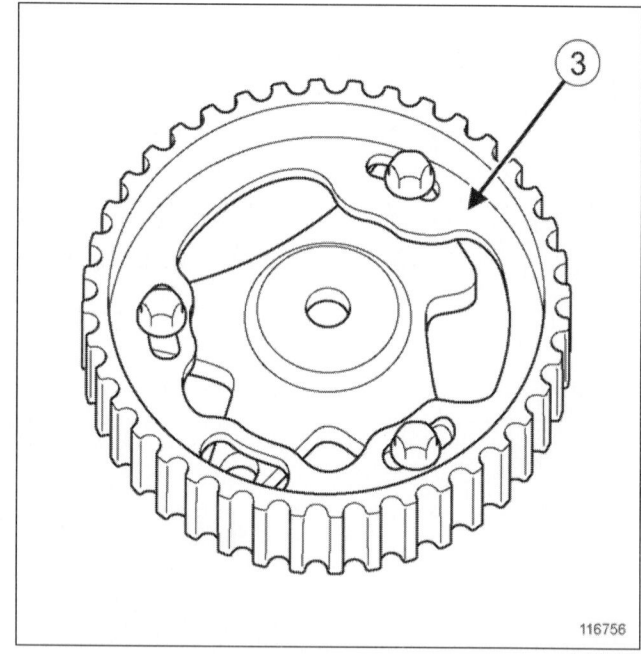

엔진은 싱글 유닛 (2) 또는 두 부품 (3) 캠샤프트 타이밍 스프로켓으로 장착할 수 있다.

부품 부서에서는 두 부품의 구성된 캠샤프트 타이밍 스프로켓만 제공한다.

엔진 및 실린더 블록 어셈블리
캠샤프트 : 점검

J87/K9K

3 - 캠 로브의 높이 점검

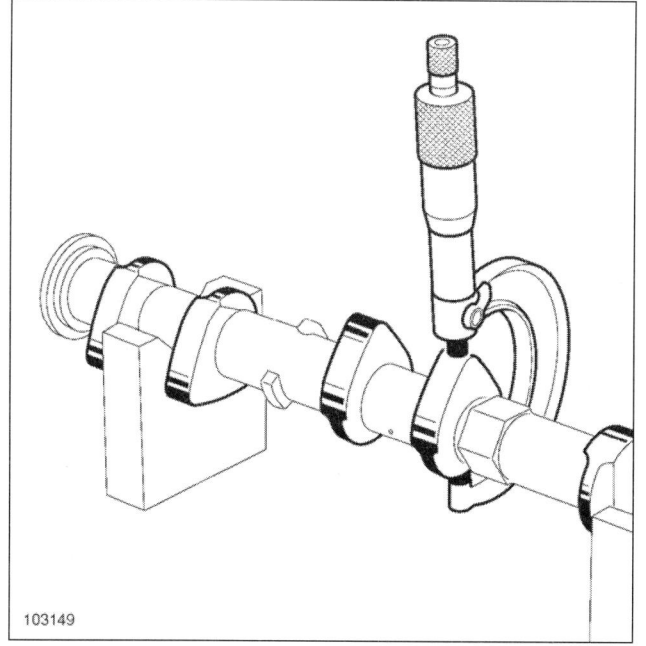

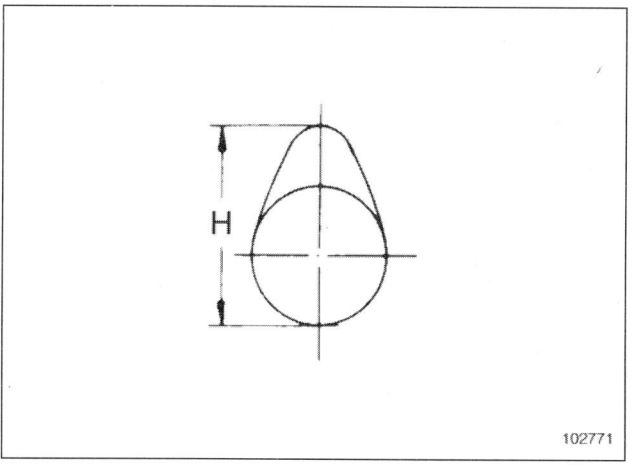

다음을 장착한다 :

- 바디 지그 벤치에 V 블록 2 개 ,
- 가볍게 오일을 도포한 2 개의 V 블록에 캠샤프트 .

외부 마이크로미터를 사용하여 캠의 높이 (H) 를 측정한다 . 높이는 다음과 같아야 한다 :

- 흡기의 경우 44.012 ~ 44.018 mm,
- 배기의 경우 44.592 ~ 44.598 mm.

4 - 캠샤프트 저널 직경 점검

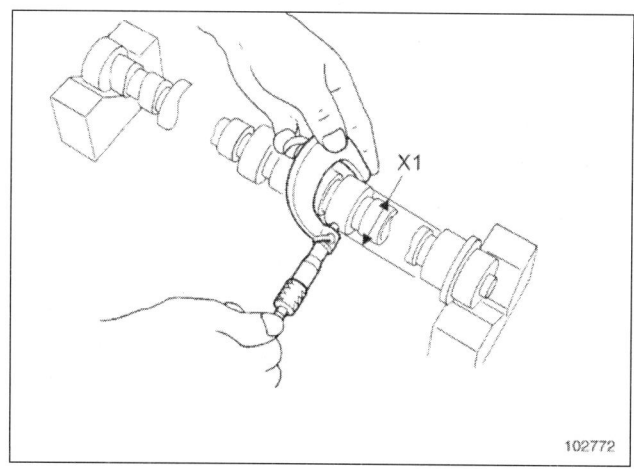

다음을 장착한다 :

- 바디 지그 벤치에 V 블록 2 개 ,
- V 블록에 캠샤프트 .

외부 마이크로미터를 사용하여 각 캠샤프트 저널의 직경 (X1) 을 측정한다 :

- 24.98 ~ 25 mm - 메인 베어링 저널 번호 1, 2, 3, 4, 5
- 27.98 ~ 28 mm - 메인 베어링 저널 번호 6

5 - 캠샤프트의 세로 방향 유격 점검

실린더 헤드에 캠샤프트를 장착한다 (**캠샤프트 : 탈거 - 장착** 참조).

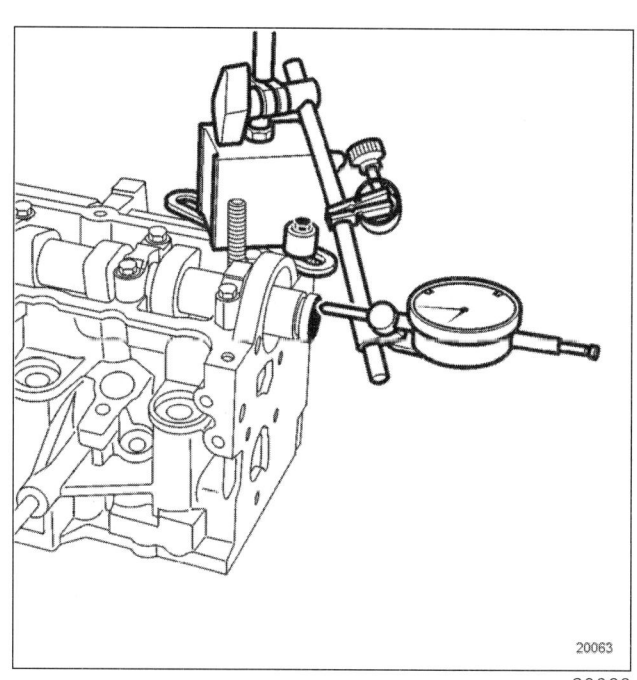

10A-15

엔진 및 실린더 블록 어셈블리
캠샤프트 : 점검

10A

J87/K9K

로커 커버 볼트와 스페이서를 사용하여 **실린더 블록 라이너 클램프**를 실린더 헤드에 다음과 같은 크기로 고정한다 :

- 외경 18 mm,
- 내경 9 mm,
- 높이 15 mm.

다음을 장착한다 :

- 다이얼 게이지 서포트를 실린더 블록 라이너 클램프 공구에,
- 다이얼 게이지 서포트에 다이얼 게이지.

캠샤프트 엔드에 다이얼 게이지 센서를 위치시킨다.

캠샤프트가 스톱에 닿을 때까지 다이얼 게이지 방향으로 이동시킨다.

다이얼 게이지를 0 으로 보정한다.

캠샤프트가 다른 스톱에 닿을 때까지 다이얼 게이지의 반대 방향으로 이동시킨다.

세로 방향 유격이 0.08 ~ 0.18 mm 사이인지 점검한다.

다음을 탈거한다 :

- 다이얼 게이지,
- 다이얼 게이지 서포트,
- 실린더 블록 라이너 클램프 공구의 볼트,
- 실린더 블록 라이너 클램프 공구,
- 캠샤프트.

6 - 캠샤프트 반경 방향 유격 점검

캠샤프트 베어링과 캠샤프트 베어링 캡에 있는 오일을 청소한다.

캠샤프트를 장착한다.

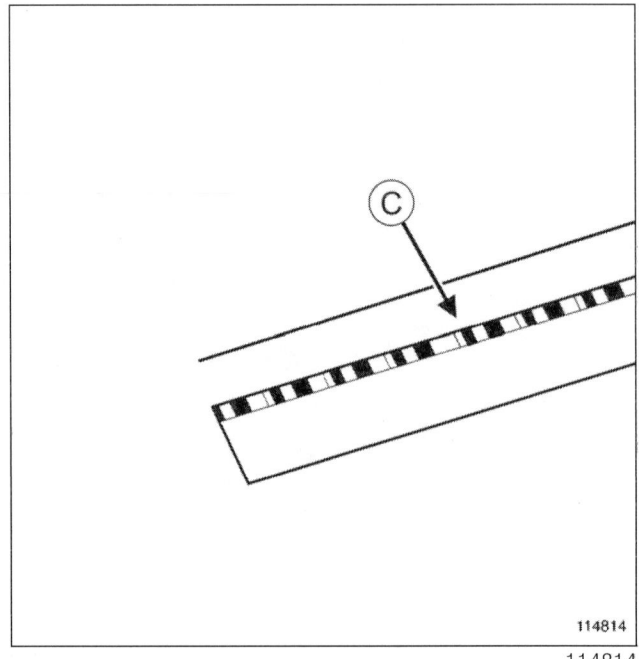

회전방향 움직임 측정 **테이프** 피스를 절단한다.

캠샤프트 저널 접촉면에서 반경 방향 유격 측정 와이어를 캠샤프트와 일직선이 되도록 위치시킨다.

참고 :
측정 결과가 왜곡되지 않도록 작업 중에는 캠샤프트를 회전시키지 않는다.

다음을 장착한다 (**캠샤프트 : 탈거 - 장착** 참조):

- 캠샤프트 베어링 캡,
- 캠샤프트 베어링 캡 볼트.

다음을 탈거한다 :

- 캠샤프트 베어링 캡 볼트,
- 캠샤프트 베어링 캡,
- **회전방향 움직임 측정 테이프** 피스.

반경 방향 유격 측정 테이프의 평탄도를 측정한다. 측정 테이프 패키지에 인쇄된 게이지 (C) 를 사용할 경우 평탄도는 0.04 ~ 0.08 mm 사이여야 한다.

캠샤프트와 캠샤프트 라인 빔에서 반경 방향 유격 측정 테이프 흔적을 모두 제거한다.

엔진 및 실린더 블록 어셈블리
캠샤프트 : 점검

10A

J87/K9K

7 - 캠샤프트 저널의 동심도 점검

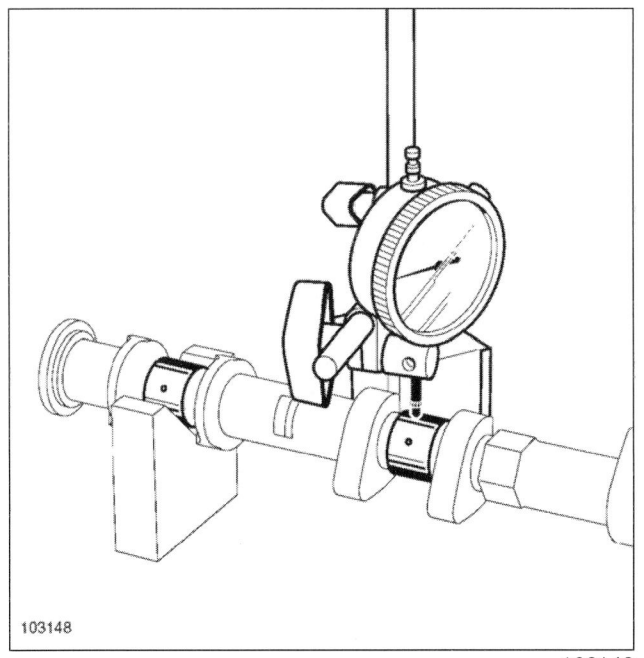

다음을 장착한다 :

- 바디 지그 벤치에 V 블록 2 개,
- 가볍게 오일을 도포한 2 개의 V 블록에 캠샤프트,
- 바디 지그 벤치에 **다이얼 게이지 서포트**,
- **다이얼 게이지 서포트**에 다이얼 게이지.

캠샤프트 저널 접촉면 중심을 기준으로 다이얼 게이지의 센서를 장착한다.

다이얼 게이지를 0 으로 보정한다.

오일 홀을 피하면서 캠샤프트를 돌려 저널 동심도를 점검한다. 이때 동심도는 **0.05 mm** 미만이어야 한다.

III - 최종 작업

캠샤프트를 장착한다 (**캠샤프트 : 탈거 - 장착** 참조).

엔진 및 실린더 블록 어셈블리
실린더 헤드 : 분해 – 재조립

10A

J87/K9K

규정 토크 ⊘	
플라이휠 엔드 슬링거 볼트	12 N.m
타이밍 엔드 슬링거 볼트	25 N.m
연료 레일 프로텍터 너트	10 N.m

주의

탈거한 부품과 관련된 안전은 고객이 관리해야 한다. 탈거 및 장착 시 이 절차에서 설명하는 안전 지침을 준수해야 한다.

경고

수리 작업 전 시스템 손상의 우려가 있는 모든 위험을 방지하기 위해 안전, 청결 지침 및 작업에 대한 가이드라인을 확인한다 (10A, 엔진 및 실린더 블록 어셈블리, 엔진 : 사전 주의사항 참조).

분해

I - 실린더 헤드 분해 준비 작업

- 실린더 헤드를 탈거한다 (실린더 헤드 : 탈거 – 장착 참조).
- 실린더 헤드 서포트에 실린더 헤드를 장착한다.

II - 실린더 헤드 분해

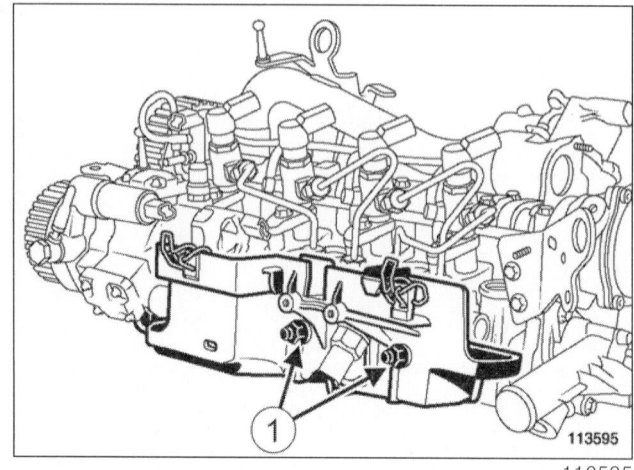

- 다음을 탈거한다 :
  - 인젝터 레일 프로텍터 너트 (1),
  - 인젝터 레일 프로텍터.
- 고압 파이프 유니언을 청소한다 (10A, 엔진 및 실린더 블록 어셈블리, 엔진 : 사전 주의사항 참조).
- 다음을 탈거한다 :
  - 연료 레일과 인젝터 간 고압 파이프 (레일과 인젝터 간 고압 파이프 : 탈거 – 장착 참조),
  - 디젤 인젝터 (디젤 인젝터 : 탈거 – 장착 참조).
- 다음을 탈거한다 :
  - 펌프와 연료 레일 간 고압 파이프 (펌프와 레일 간 고압 파이프 : 탈거 – 장착 참조),
  - 고압 펌프 (고압 펌프 : 탈거 – 장착 참조),
  - 연료 레일 (인젝터 레일 : 탈거 – 장착 참조),
  - 글로우 플러그 (예열 플러그 : 탈거 – 장착 참조),
  - 진공 펌프,
  - 워터 아웃렛 (냉각 유닛 : 탈거 – 장착 참조),
  - 배기 가스 온도 센서 (배기 가스 온도 센서 : 탈거 – 장착 참조).

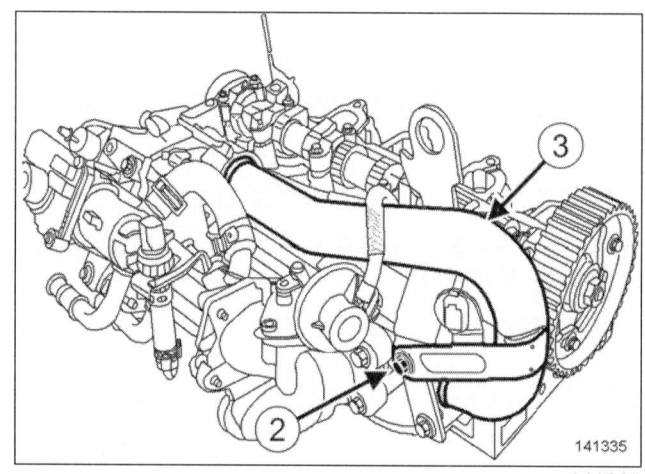

- 다음을 탈거한다 :
  - 타이밍 엔드 슬링거 어퍼 볼트 (2),
  - 에어 인렛 금속 튜브 (3).
- 다음을 탈거한다 :
  - EGR 어셈블리 (EGR 어셈블리 : 탈거 – 장착 참조),
  - 배기 매니폴드 (배기 매니폴드 : 탈거 – 장착 참조),
  - 타이밍 엔드의 캠샤프트 씰 (프론트 오일 씰 : 탈거 – 장착 참조),
  - 캠샤프트 (캠샤프트 : 탈거 – 장착 참조).

엔진 및 실린더 블록 어셈블리
실린더 헤드 : 분해 – 재조립

10A

J87/K9K

참고 :
유성 펜을 사용하여 실린더에 상대적인 밸브 푸시 로드 위치를 표시해야 한다.

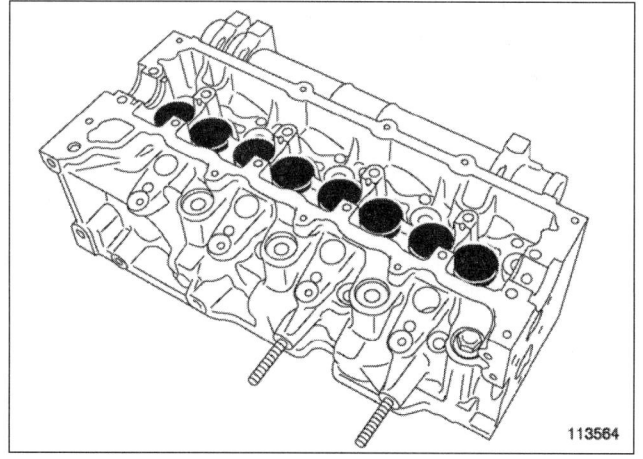

❏ 다음을 탈거한다 :
 – 밸브 푸시로드 ,
 – 밸브 (10A, 엔진 및 실린더 블록 어셈블리 , 밸브 : 탈거 – 장착 참조).

엔진 리프팅 링 탈거

❏
참고 :
실린더 헤드 교환 시에만 작업을 수행한다 .

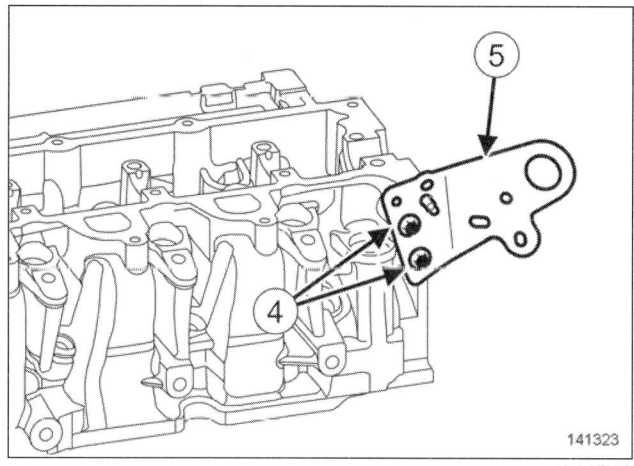

❏ 다음을 탈거한다 :
 – 플라이 휠 엔드의 슬링거 볼트 (4),
 – 플라이휠 엔드 슬링거 (5).

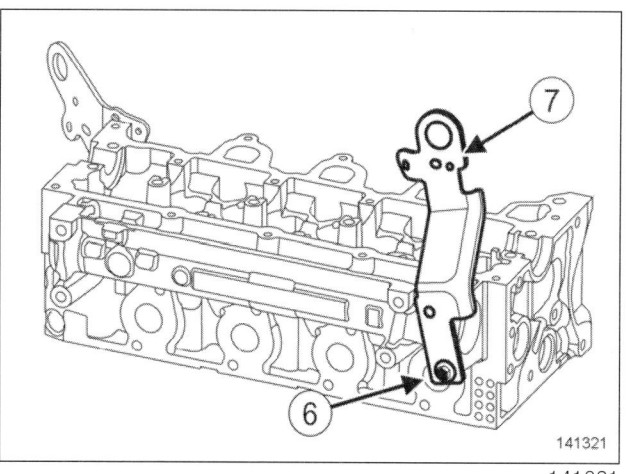

❏ 다음을 탈거한다 :
 – 타이밍 엔드 슬링거 로어 볼트 (6),
 – 타이밍 엔드 슬링거 (7).

재조립

I – 실린더 헤드 재조립 준비 작업

❏ 실린더 헤드를 청소한다 (10A, 엔진 및 실린더 블록 어셈블리 , 실린더 헤드 : 청소 참조).

엔진 리프팅 링 장착

❏
참고 :
실린더 헤드 교환 시에만 작업을 수행한다 .

❏ 다음을 장착한다 :
 – 타이밍 엔드의 슬링거 ,
 – 타이밍 엔드 슬링거 로어 볼트 .

❏ 다음을 장착한다 :
 – 플라이휠 엔드의 슬링거 ,
 – 플라이휠 엔드 슬링거 볼트 .

❏ 플라이휠 엔드 슬링거 볼트를 규정 토크 (12 N.m) 로 조인다 .

II – 실린더 헤드 장착 작업

❏ 밸브를 장착한다 (10A, 엔진 및 실린더 블록 어셈블리 , 밸브 : 탈거 – 장착 참조).

❏ 밸브를 교환할 때 항상 실린더 헤드 접촉면에 상대적인 밸브 위치가 공차 범위 내에 있는지 점검한다 (10A, 엔진 및 실린더 블록 어셈블리 , 밸브 : 점검 참조).

엔진 및 실린더 블록 어셈블리
실린더 헤드 : 분해 – 재조립

10A

J87/K9K

참고 :
밸브 위치가 실린더 헤드 접촉면에 상대적인 허용 공차 값을 벗어나는 경우 엔진이 손상될 수 있다.

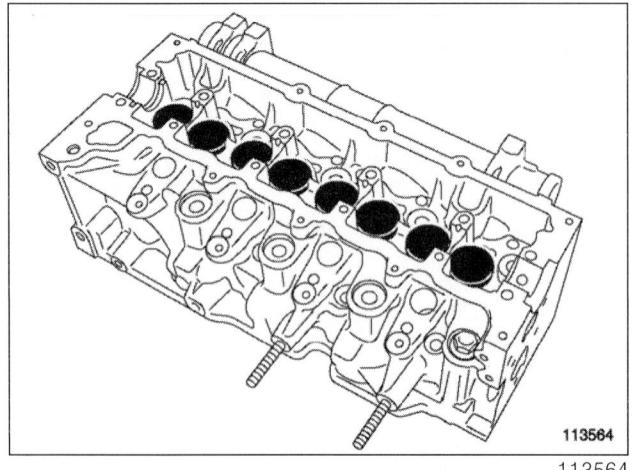

❏ 다음을 장착한다 :
- 원래 위치를 확인하며 가장자리 전체에 오일을 발라 밸브 태핏,
- 캠샤프트 (**캠샤프트 : 탈거 – 장착** 참조).

❏ 밸브, 태핏 또는 캠샤프트 교환 시 밸브 간극을 점검하고 조정해야 한다 (10A, 엔진 및 실린더 블록 어셈블리, 밸브 : 점검 참조).

참고 :
밸브 간극 값이 공차를 벗어나면 엔진이 손상될 수 있다.

❏ 다음을 장착한다 :
- 타이밍 엔드의 캠샤프트 씰 (**프론트 오일 씰 : 탈거 – 장착** 참조),
- 배기 매니폴드 (**배기 매니폴드 : 탈거 – 장착** 참조),
- EGR 어셈블리 (**EGR 어셈블리 : 탈거 – 장착** 참조).

❏ 다음을 장착한다 :
- 에어 인렛 금속 튜브,
- 타이밍 엔드 슬링거 어퍼 볼트.

❏ **타이밍 엔드 슬링거 볼트를 규정 토크 (25 N.m) 로 조인다.**

❏ 다음을 장착한다 :
- 배기 가스 온도 센서 (**배기 가스 온도 센서 : 탈거 – 장착** 참조),
- 워터 아웃렛 (**냉각 유닛 : 탈거 – 장착** 참조),
- 진공 펌프,
- 글로우 플러그 (**예열 플러그 : 탈거 – 장착** 참조),
- 연료 레일 (**인젝터 레일 : 탈거 – 장착** 참조),
- 고압 펌프 (**고압 펌프 : 탈거 – 장착** 참조),
- 펌프와 연료 레일 간 고압 파이프 (**펌프와 레일 간 고압 파이프 : 탈거 – 장착** 참조).

❏ 다음을 장착한다 :
- 디젤 인젝터 (**디젤 인젝터 : 탈거 – 장착** 참조),
- 연료 레일과 인젝터 간 고압 파이프 (**레일과 인젝터 간 고압 파이프 : 탈거 – 장착** 참조).

❏ 다음을 장착한다 :
- 인젝터 레일 프로텍터,
- 인젝터 레일 프로텍터 너트.

❏ **연료 레일 프로텍터 너트를 규정 토크 (10 N.m) 로 조인다.**

III – 최종 작업

❏ 실린더 헤드 서포트에서 실린더 헤드를 탈거한다.

❏ 실린더 헤드를 장착한다 (**실린더 헤드 : 탈거 – 장착** 참조).

엔진 및 실린더 블록 어셈블리
실린더 헤드 : 청소

10A

J87/K9K

필요 장비
구성부품 서포트

I - 세척 준비 작업

❏
> **주의**
> 알루미늄 조인트 표면이 긁히지 않도록 한다. 접촉면이 손상되면 누출이 발생할 수 있다.

> **경고**
> 작업 중에는 측면 프로텍터가 있는 보호 안경을 착용한다.

> **경고**
> 작업 중에는 라텍스 장갑을 착용한다.

> **주의**
> 세척 작업 시 세척액이 차량 도장 면에 떨어지지 않도록 하며, 이물질이 실린더 헤드 윤활 통로에 들어가지 않도록 주의하여 세척한다.
> 부주의로 인한 윤활 공급통로의 막힘은 급속히 엔진을 손상시킬 수 있다.

❏ 엔진 - 변속기 어셈블리를 탈거한다 (**엔진 - 변속기 어셈블리 : 탈거 - 장착** 참조).

❏ 엔진에서 자동 변속기를 분리한다 (**자동변속기 : 탈거 - 장착** 참조).

❏ **구성부품 서포트** (10A, 엔진 및 실린더 블록 어셈블리, 엔진 서포트 장비 : 사용 참조) 에 엔진을 위치시킨다.

❏ 실린더 헤드를 탈거한다 (**실린더 헤드 : 탈거 - 장착** 참조).

❏ 실린더 헤드를 분해한다 (10A, 엔진 및 실린더 블록 어셈블리, 실린더 헤드 : 분해 - 재조립 참조).

II - 실린더 헤드 세척

❏ 실린더 헤드의 조인트 표면을 **실란트 가스켓 제거제** (**차량 : 정비용 소모품** 참조) 를 사용하여 세척한다.

❏ 나무 주걱을 사용하여 잔류물을 제거한다.

❏ **연마용 패드** (**차량 : 정비용 소모품** 참조) 를 사용하여 부품 세척을 마무리한다.

❏ 파워 클리너 - 컨테이너 (차량 : 정비용 소모품 참조) 를 사용하여 실린더 헤드를 세척한다.

III - 최종 작업

❏ 실린더 헤드를 재조립한다 (10A, 엔진 및 실린더 블록 어셈블리, 실린더 헤드 : 분해 - 재조립 참조).

❏ 실린더 헤드를 장착한다 (**실린더 헤드 : 탈거 - 장착** 참조).

❏ **구성부품 서포트** (10A, 엔진 및 실린더 블록 어셈블리, 엔진 서포트 장비 : 사용 참조) 에서 엔진을 탈거한다.

❏ 엔진에 자동 변속기를 연결한다 (**자동 변속기 : 탈거 - 장착** 참조).

❏ 엔진 - 변속기 어셈블리를 장착한다 (**엔진 - 변속기 어셈블리 : 탈거 - 장착** 참조).

엔진 및 실린더 블록 어셈블리
실린더 헤드 : 점검

10A

J87/K9K

필요 장비
외부 마이크로미터
슬라이딩 캘리퍼
모티스 게이지
실린더 헤드 자
필러 게이지 세트
다이얼 게이지 서포트
다이얼 게이지
내장 마이크로미터

I - 점검 준비 작업

> **경고**
> 수리 작업 전 시스템 손상의 우려가 있는 모든 위험을 방지하기 위해 안전 , 청결 지침 및 작업에 대한 가이드라인을 확인한다 (10A, 엔진 및 실린더 블록 어셈블리 , 엔진 : 사전 주의사항 참조).

실린더 헤드를 탈거한다 (**실린더 헤드 : 탈거 – 장착** 참조) .

점검에 필요한 경우 실린더 헤드를 분해한다 (10A, 엔진 및 실린더 블록 어셈블리 , 실린더 헤드 : 분해 – 재조립 참조).

점검 전 주의사항 :

- 실린더 헤드를 청소한다 (10A, 엔진 및 실린더 블록 어셈블리 , 실린더 헤드 : 청소 참조),
- 실린더 헤드에 긁힘이나 충격 또는 비정상적인 마모의 흔적이 없는지 점검하고 필요한 경우 부품을 교환한다 .

II - 실린더 헤드 점검

1 - 실린더 헤드 가스켓

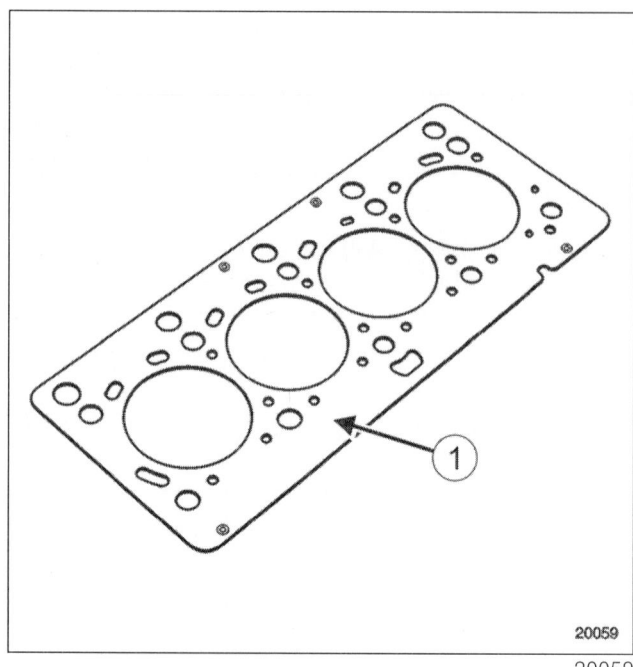

외부 마이크로미터를 사용하여 (1) 에서 실린더 헤드가스켓의 두께를 측정한다 .

엔진 유형	실린더 헤드 가스켓 두께 (mm)
K9K	0.71 ± 0.03

엔진 및 실린더 블록 어셈블리
실린더 헤드 : 점검

10A

J87/K9K

2 - 실린더 헤드 높이 점검

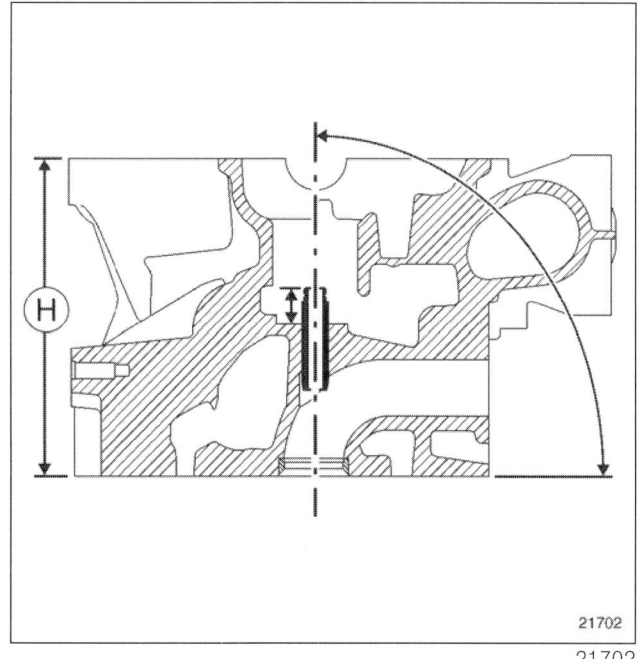

슬라이딩 캘리퍼 또는 모티스 게이지를 사용하여 실린더 헤드의 높이 (H) 를 측정한다. 실린더 헤드의 높이는 127 mm 여야 한다.

3 - 실린더 위치

실린더 1 은 플라이휠 엔드에 있다.

인젝션 순서는 1-3-4-2 이다.

4 - 실린더 헤드 평탄도 점검

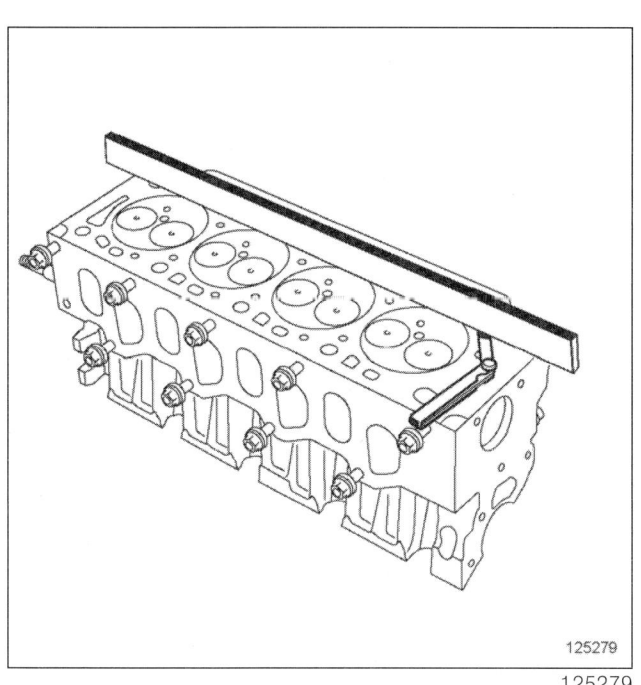

실린더 헤드 자와 필러 게이지 세트 또는 " 다이얼 게이지 서포트 - 다이얼 게이지 " 어셈블리를 사용하여 실린더 헤드 가스켓 표면의 평탄도를 점검한다.

가스켓 표면 최대 변형 : 0.05 mm.

> **주의**
> 실린더 헤드 면은 절삭하지 않는다.

5 - 실린더 헤드 테스트

균열을 감지하는 적절한 공구를 사용하여 실린더 헤드를 점검한다.

6 - 캠샤프트 베어링 직경 점검

내장 마이크로미터 또는 내부 직경 다이얼 게이지를 사용하여 각 실린더 헤드 베어링의 직경을 측정한다.

직경은 다음 사이여야 한다 :

- 25.04 ~ 25.06 mm (베어링 번호 1, 2, 3, 4, 5),
- 28.04 ~ 28.06 mm (베어링 번호 6).

7 - 밸브 가이드 점검

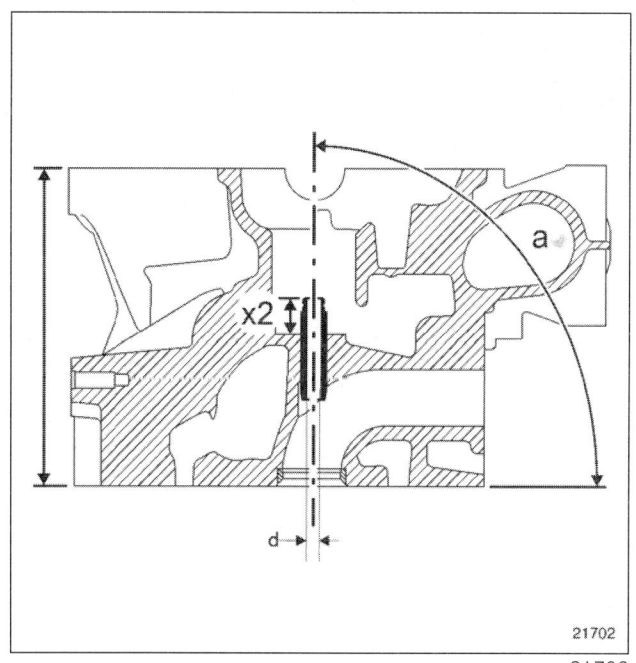

내장 마이크로미터를 사용하여 밸브 가이드의 내경 (d) 을 측정한다. 내경은 다음 사이여야 한다 :

- 5.00 ~ 5.12 mm (가공되지 않음),
- 6.00 ~ 6.02 mm (가공됨 - 실린더 헤드에 가이드를 장착한 상태로 치수를 측정함).

엔진 및 실린더 블록 어셈블리
실린더 헤드 : 점검

10A

J87/K9K

a – 밸브 가이드 위치
- 흡기 : (x2) = 14 mm
- 배기 : (x2) = 14.2 mm

b – 밸브 가이드 각도
- 흡기 및 배기 : (a) = 90°

c – 밸브 가이드 치수

	흡기 및 배기
가이드 길이 (mm)	40.5 ± 0.15
가이드 외경 (mm)	11.05 ± 0.01
실린더 헤드의 가이드 하우징 내경 (mm)	11.00

8 – 밸브 시트 확인

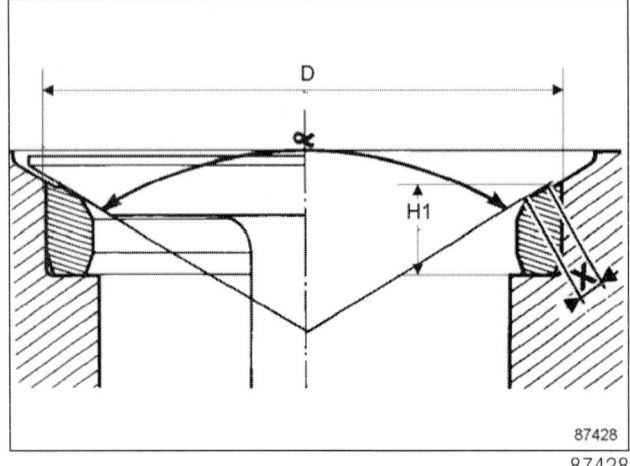

	흡기	배기 시스템
접촉면 각도 (α) (°)	89° 30'	
접촉면 폭 (X) (mm)	1.80	
실린더 헤드 내 밸브 시트 하우징 깊이 (mm)	6	7
시트 높이 (H1) (mm)	4.65 ± 0.04	5.67 ± 0.04
시트 외경 (D) (mm)	34.54 ± 0.01	30.04 ± 0.01
실린더 헤드 내 하우징 내경 (D) (mm)	34.46 ± 0.01	29.97 ± 0.01

9 – 터보차저 – 터보차징 압력 조절 밸브

엔진 유형	압력 조절 밸브 값 (bar)		밸브 로드 이동 값 (mm)
	압력	진공	
K9K	–	0.6	7 ± 0.5

10 – 터보차저 – 점검

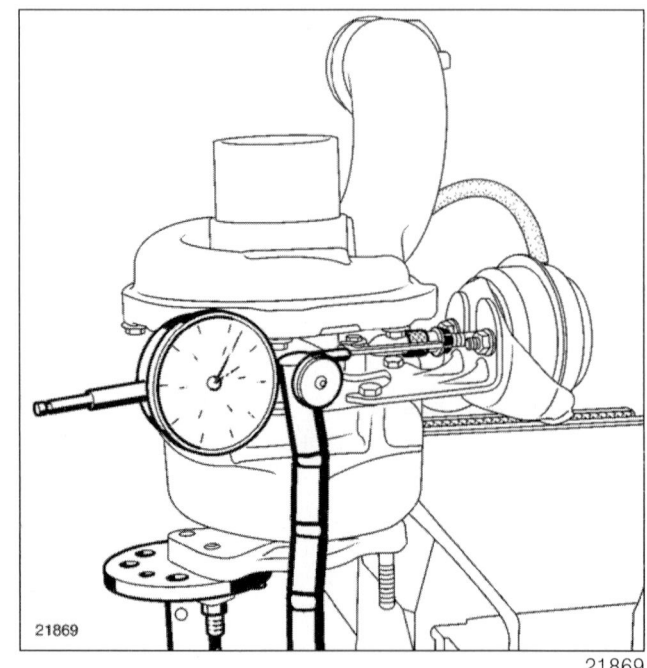

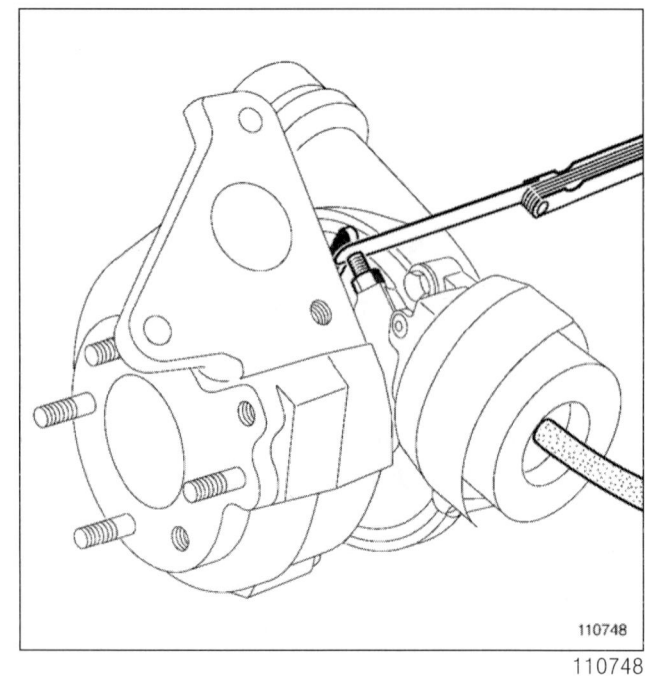

엔진 및 실린더 블록 어셈블리
실린더 헤드 : 점검

10A

J87/K9K

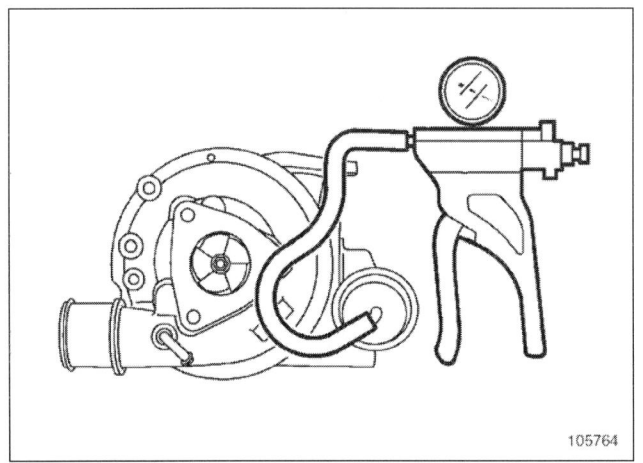

터보차저 압력 값을 점검한다.

터보차징 압력 레귤레이터의 유형에 따라 다이얼 게이지가 장착된 자기식 홀더나 조절 밸브 스템 끝에 위치하거나 조절 밸브 스템과 밸브 가드 사이에 위치한 심 세트 (스텝 축 방향) 를 사용한다.

압력 / 진공 펌프를 사용하여 조절 밸브에 압력 / 진공을 점차 가한다.

밸브 로드의 움직임을 점검한다.

11 - 예열 플러그

멀티미터를 사용하여 스파크 플러그 저항을 점검한다. 저항은 0.6 Ω 이어야 한다.

12 - EGR 어셈블리

엔진에는 제조 날짜에 따라 서로 다른 EGR 어셈블리 타이밍 엔드 서포트가 장착될 수 있다.

냉각된 EGR 어셈블리의 타이밍 엔드 서포트 첫 번째 장착

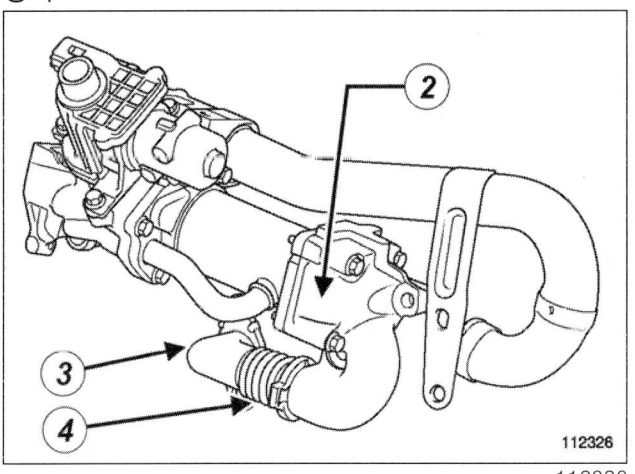

첫 번째 장착의 경우 EGR(3) 파이프를 타이밍 엔드서포트 (2) 에서 분리할 수 있으며, 이 경우 항상 **파이프** (3), 클립 (4) 및 매니폴드측 파이프 볼트를 교환해야 한다.

냉각된 EGR 어셈블리의 타이밍 엔드 서포트 두 번째 장착

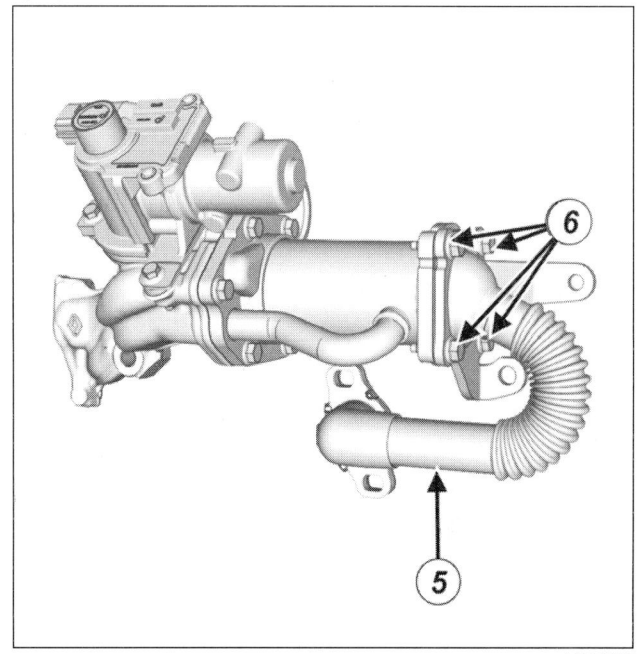

두 번째 장착의 경우 EGR(5) 파이프가 EGR 어셈블리의 타이밍 엔드 서포트 내에 장착된다. 볼트 (6) 를 탈거하여 EGR 쿨러의 **파이프**를 탈거한 후 항상 **파이프 (5), 파이프와 쿨러 간 씰 및 매니폴드측 파이프 볼트를** 교환해야 한다.

III - 최종 작업

실린더 헤드를 재조립한다 (필요한 경우) (10A, 엔진 및 실린더 블록 어셈블리, 실린더 헤드 : 분해 - 재조립 참조).

실린더 헤드를 장착한디 (**실린더 헤드 : 탈기 - 장착** 참조).

엔진 및 실린더 블록 어셈블리
밸브 : 탈거 - 장착

10A

J87/K9K

필요 장비
스프링 컴프레서
트위저

규정 토크	
타이밍 엔드 슬링거 볼트	25 N.m
인젝터 레일 프로텍터 너트	10 N.m

경고

수리 작업 전 시스템 손상의 우려가 있는 모든 위험을 방지하기 위해 안전, 청결 지침 및 작업에 대한 가이드라인을 확인한다 (10A, 엔진 및 실린더 블록 어셈블리, 엔진 : 사전 주의사항 참조).

탈거

I - 탈거 준비 작업

❏ 실린더 헤드를 탈거한다 (실린더 헤드 : 탈거 - 장착 참조).

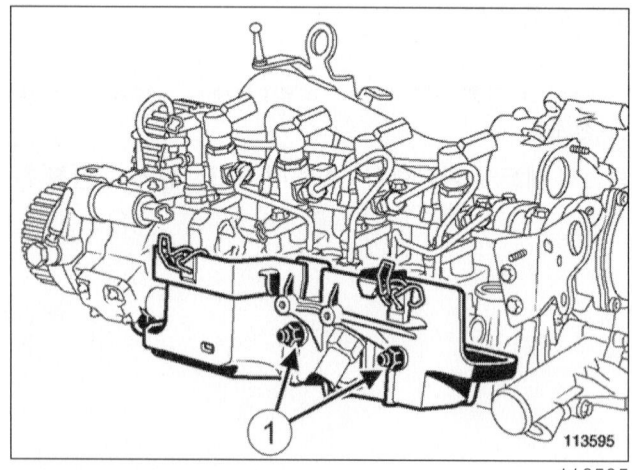

❏ 다음을 탈거한다 :
- 인젝터 레일 프로텍터에서 너트 (1),
- 인젝터 레일 프로텍터 .

❏ 고압 파이프 유니언을 청소한다 (10A, 엔진 및 실린더 블록 어셈블리, 엔진 : 사전 주의사항 참조).

❏ 다음을 탈거한다 :
- 연료 레일과 인젝터 간 고압 파이프 (레일과 인젝터 간 고압 파이프 : 탈거 - 장착 참조),
- 디젤 인젝터 (디젤 인젝터 : 탈거 - 장착 참조).

❏ 다음을 탈거한다 :
- 펌프와 연료 레일 간 고압 파이프 (펌프와 레일 간 고압 파이프 : 탈거 - 장착 참조),
- 고압 펌프 (고압 펌프 : 탈거 - 장착 참조),
- 연료 레일 (인젝터 레일 : 탈거 - 장착 참조),
- 글로우 플러그 (예열 플러그 : 탈거 - 장착 참조),
- 진공 펌프 ,
- 워터 아웃렛 (냉각 유닛 : 탈거 - 장착 참조),
- 배기 가스 온도 센서 (배기 가스 온도 센서 : 탈거 - 장착 참조).

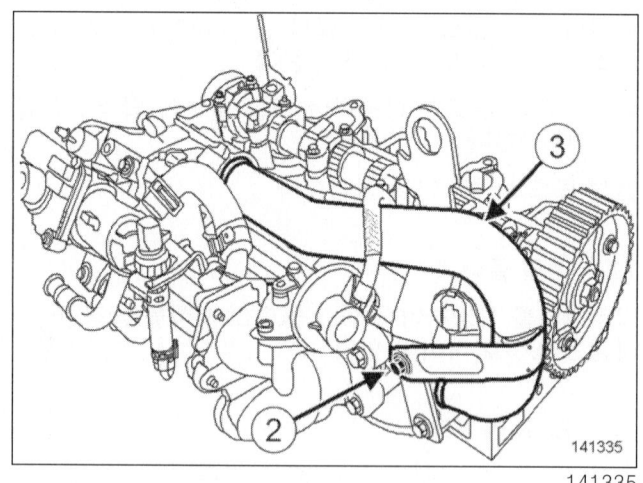

❏ 다음을 탈거한다 :
- 타이밍 엔드의 슬링거 볼트 (2),
- 타이밍 엔드의 슬링거 ,
- 에어 인렛 금속 튜브 (3).

❏ 다음을 탈거한다 :
- EGR 어셈블리 (EGR 어셈블리 : 탈거 - 장착 참조),
- 배기 매니폴드 (배기 매니폴드 : 탈거 - 장착 참조),
- 타이밍 엔드의 캠샤프트 씰 (프론트 오일 씰 : 탈거 - 장착 참조),
- 캠샤프트 (캠샤프트 : 탈거 - 장착 참조).

참고 :

유성 펜을 사용하여 실린더에 상대적인 밸브 푸시 로드 위치를 표시해야 한다 .

엔진 및 실린더 블록 어셈블리
밸브 : 탈거 - 장착

10A

J87/K9K

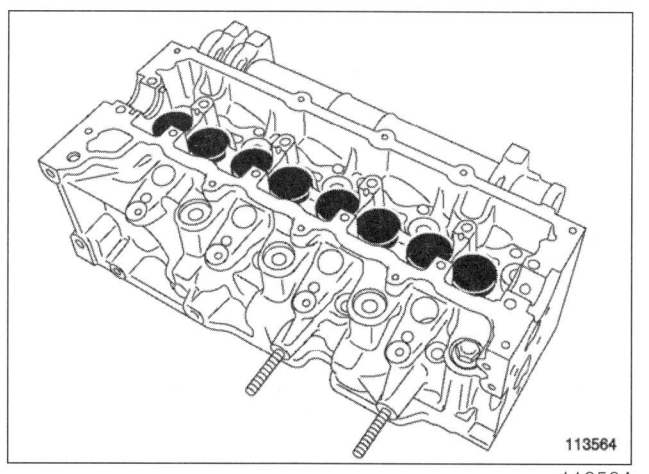

❏ 밸브 푸시로드를 탈거한다.

II - 관련 부품 탈거 작업

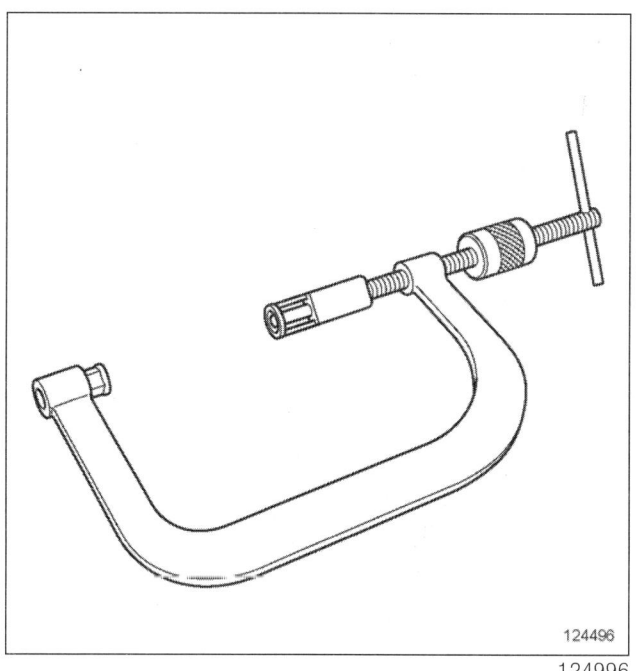

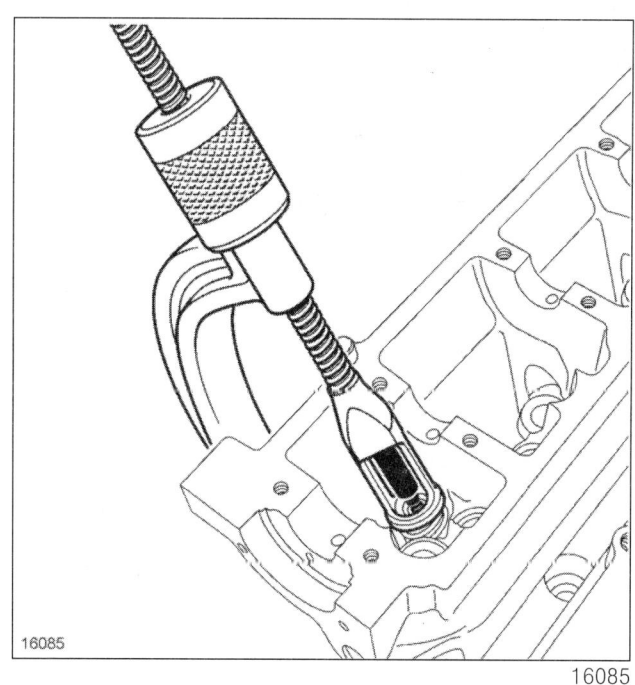

❏ 스프링 컴프레셔를 위치시킨다.
❏ 밸브의 각 사이드에 닿을 때까지 특수 공구의 샤프트를 조인다.

❏ 콜렛 방향으로 밸브 스프링을 압축한다.

10A-27

엔진 및 실린더 블록 어셈블리
밸브 : 탈거 - 장착

10A

J87/K9K

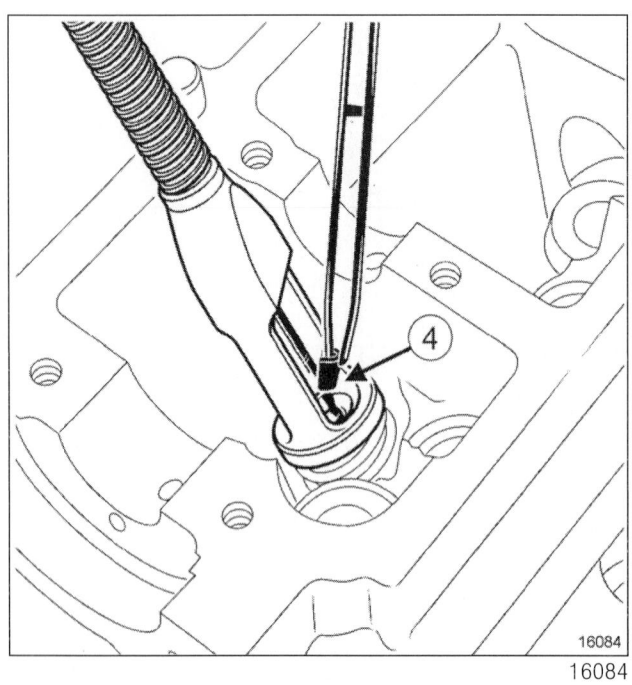

- **트위저** 또는 신축성이 있는 자석 핑거를 사용하여 두 개의 하프 콜렛 (4) 을 탈거한다.
- 밸브 스프링의 압축을 푼다.
- **스프링 컴프레서**를 탈거한다.
- 다음을 탈거한다 :
  - 어퍼 밸브 스프링 컵,
  - 밸브 스프링.
- 각 밸브에 대해 이 작업을 반복한다.

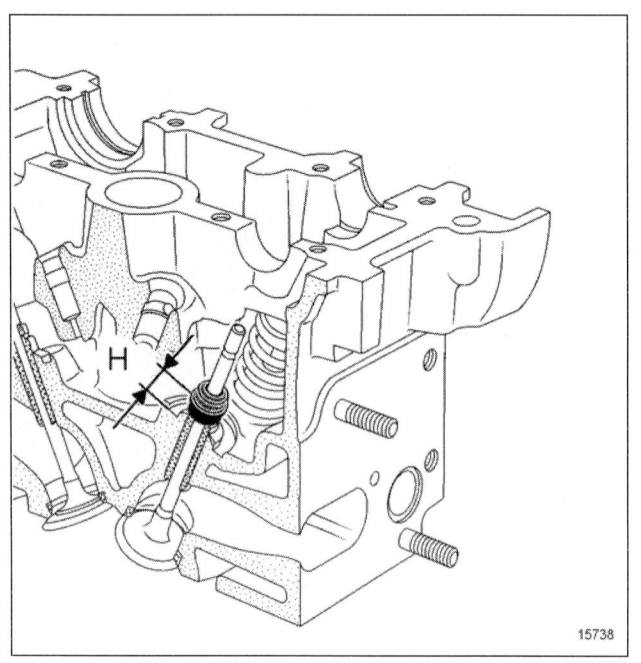

참고 :
밸브 스템 씰을 탈거하기 전에 기존 밸브 스템 씰의 위치를 표시해야 한다.

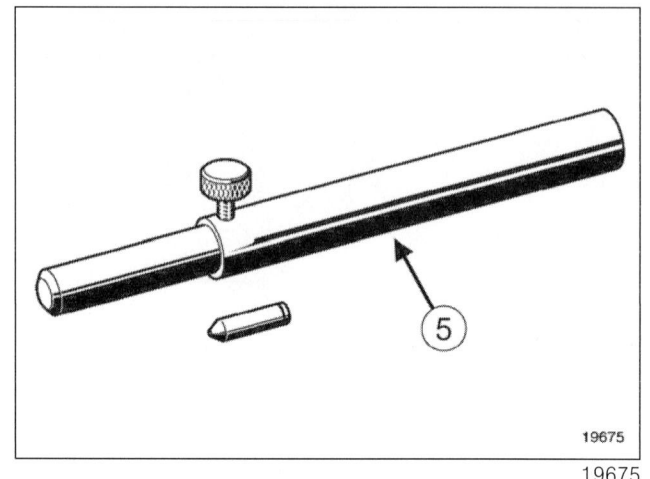

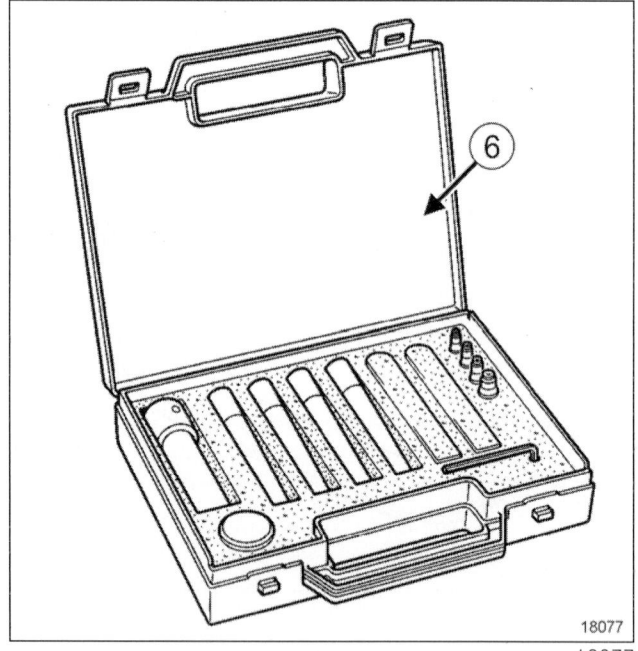

- 밸브 스템용 씰 장착 공구 (6) 를 사용하여 밸브 스템 씰이 파인 정도 (H) 를 측정한다.

참고 :
푸시로드의 내경이 밸브의 내경과 같아야 한다.

푸시로드의 로어 파트가 밸브 스템 씰의 금속 어퍼 파트에 반드시 완벽하게 장착되어야 한다.

엔진 및 실린더 블록 어셈블리
밸브 : 탈거 - 장착

10A

J87/K9K

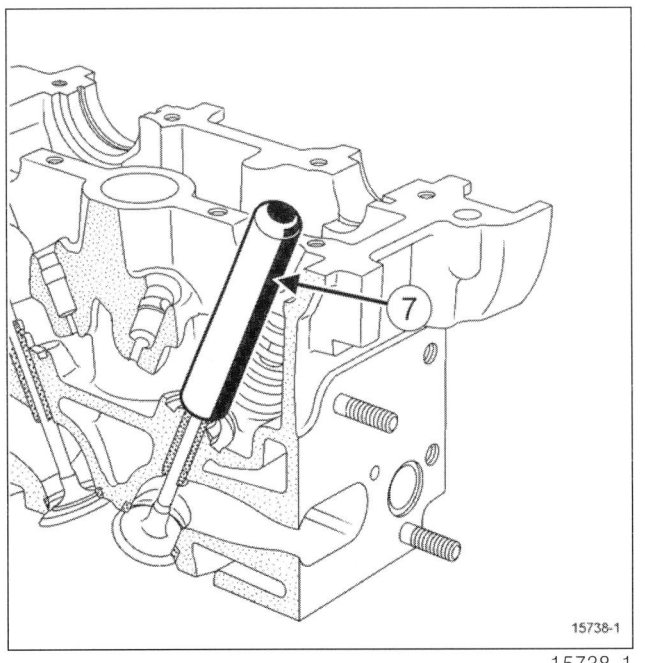

▫ 밸브 스템 씰 위에 푸시로드 (7) 를 위치시킨다.

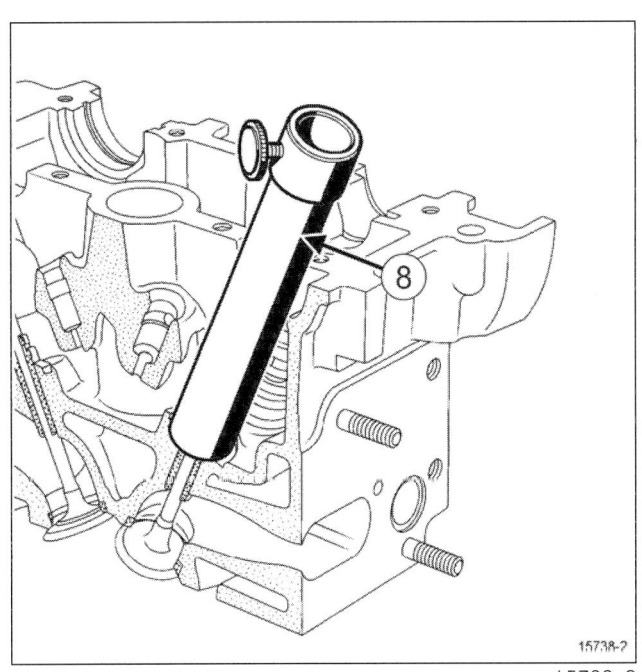

▫ 가이드 튜브 (8) 를 푸시로드 위에 위치시켜 가이드 튜브가 실린더 헤드와 접촉하도록 한다.

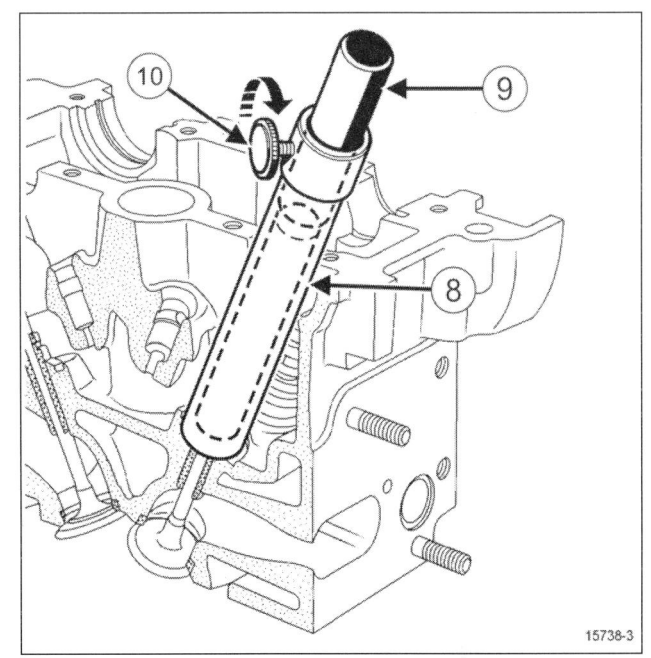

▫ 슬리브 (9) 를 가이드 튜브 (8) 에 삽입하여 슬리브가 푸시로드 (7) 와 접촉하도록 한다.

▫ 회전휠 (10) 을 조인다.

▫ 밸브 스템 씰의 파임 정도를 일정하게 유지하기 위해 휠을 조인 상태에서 밸브 스템용 씰 장착 공구를 탈거한다.

▫ 다음을 탈거한다 :

  - 밸브 스템 씰 ,
  - 위치를 표시한 후 밸브 .

장착

I - 장착 준비 작업

▫ **밸브 스템 씰**은 항상 교환한다.

▫ **파워 클리너 - 콘테이너**를 사용하여 다음을 청소한다 (**차량 : 정비용 소모품** 참조):

  - 밸브 ,
  - 밸브 스프링 ,
  - 밸브 스프링 컵 ,
  - 밸브 콜렛 ,
  - 밸브 가이드 .

▫ 밸브를 점검한다 (10A, 엔진 및 실린더 블록 어셈블리 , 밸브 : 점검 참조).

10A-29

엔진 및 실린더 블록 어셈블리
밸브 : 탈거 - 장착

10A

J87/K9K

II - 관련 부품 장착 작업

- 씰이 올바른 홈 깊이 (H) 에 장착되도록 하려면 밸브 스템 씰을 탈거한 후 밸브 스템용 씰 장착 공구를 절대로 조정해서는 안 된다 .
- 밸브 가이드 안쪽에 엔진 오일을 바른다 .

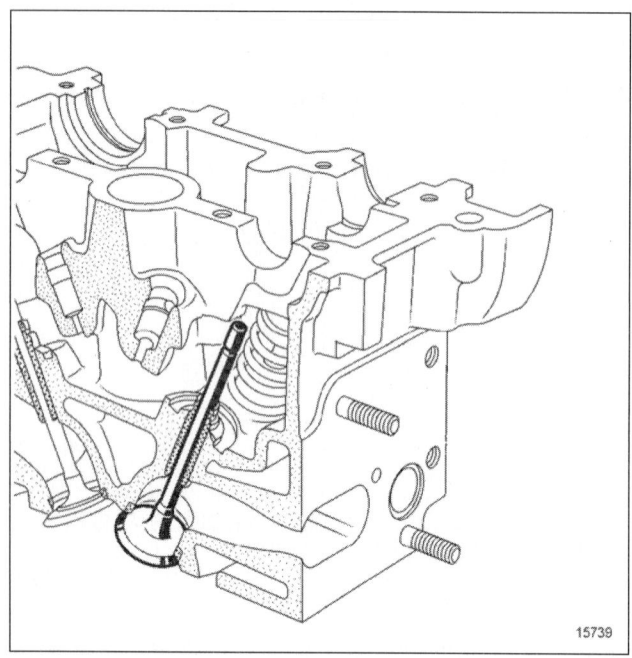

15739

- 밸브를 장착한다 .

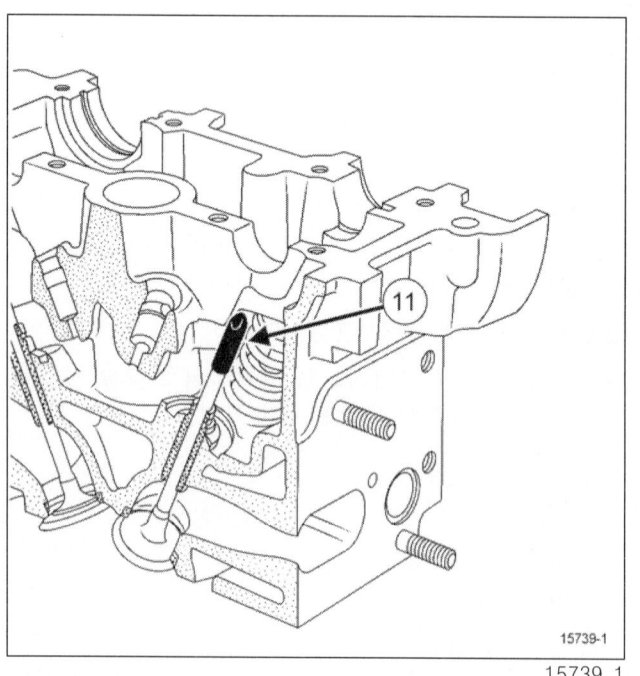

15739_1

- 프로텍터 (11) 를 밸브 스템에 장착한다 (프로텍터 직경이 밸브 스템 직경과 반드시 같아야 한다).

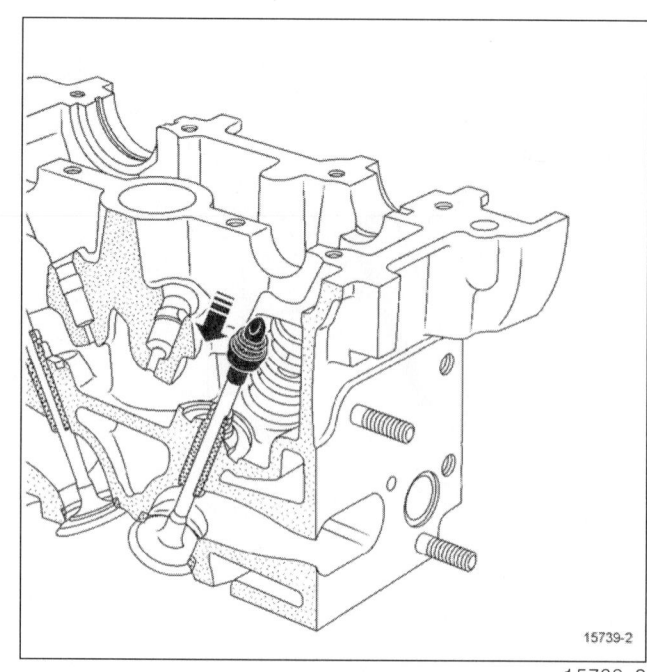

15739_2

- 밸브를 시트에 대고 누른 상태로 유지한다 .
- 프로텍터에 밸브 스템 씰 (윤활 안 함) 을 장착한다 .
- 밸브 스템 씰이 프로텍터보다 커질 때까지 누른다 .
- 프로텍터를 탈거한다 .

10A-30

엔진 및 실린더 블록 어셈블리
밸브 : 탈거 – 장착

10A

J87/K9K

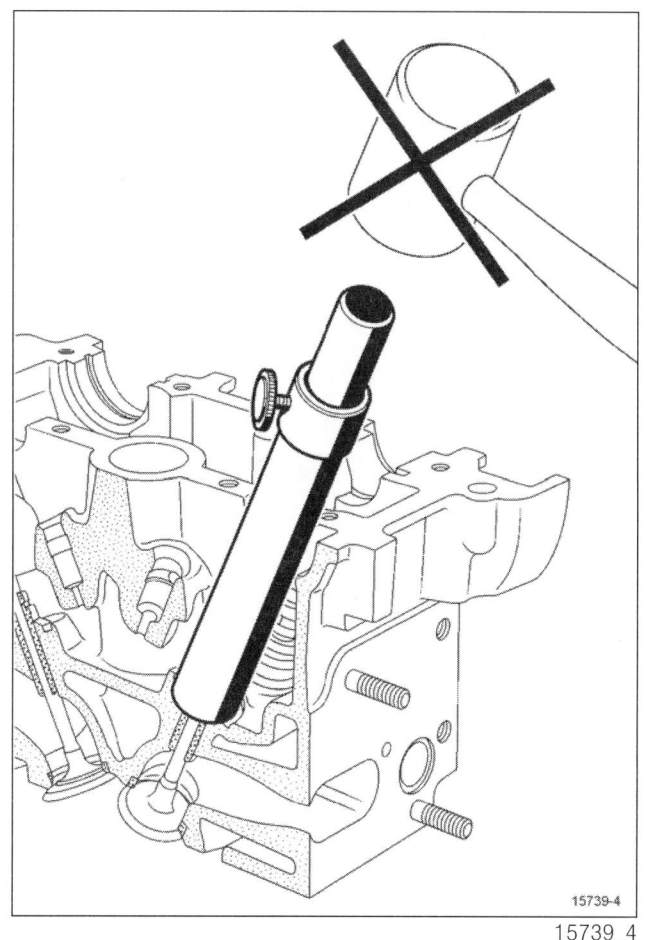

- 《가이드 튜브 – 푸시로드 – 슬리브》어셈블리를 탈거 전 조정한 대로 밸브 스템 씰에 장착한다.
- 가이드 튜브가 실린더 헤드와 접촉할 때까지 손바닥으로 푸시로드를 가볍게 두드려 밸브 스템 씰을 제위치에 밀어 넣는다.

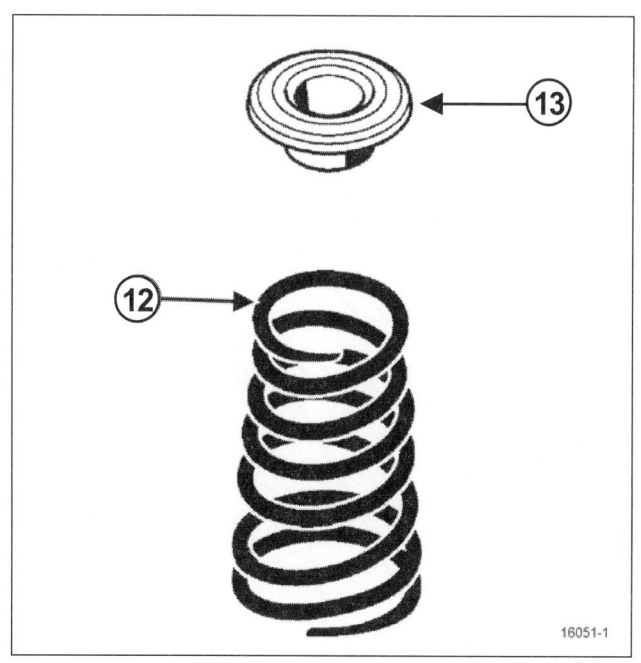

- 다음을 장착한다 :
  - 밸브 스프링 (스프링 부분이 위를 향하도록) (12),
  - 밸브 스프링 어퍼 컵 (13).

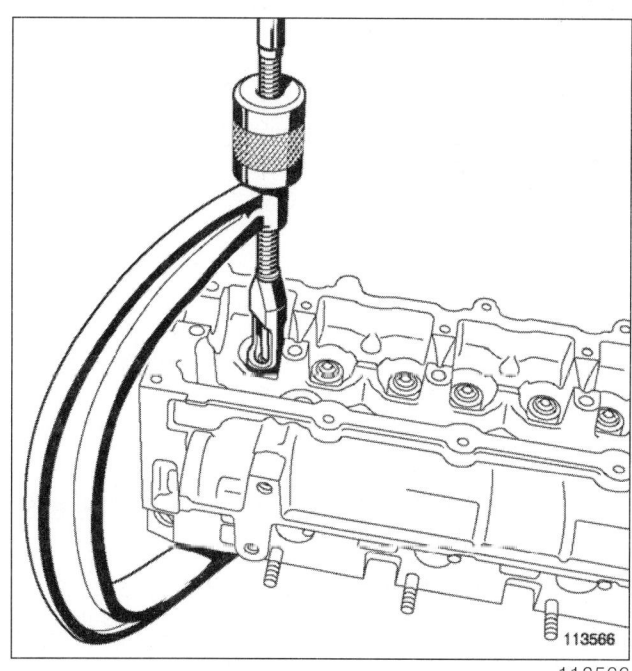

- 스프링 컴프레서를 위치시킨다.
- 스프링 컴프레서를 사용하여 밸브 스프링을 압축한다.

엔진 및 실린더 블록 어셈블리
밸브 : 탈거 - 장착

10A

J87/K9K

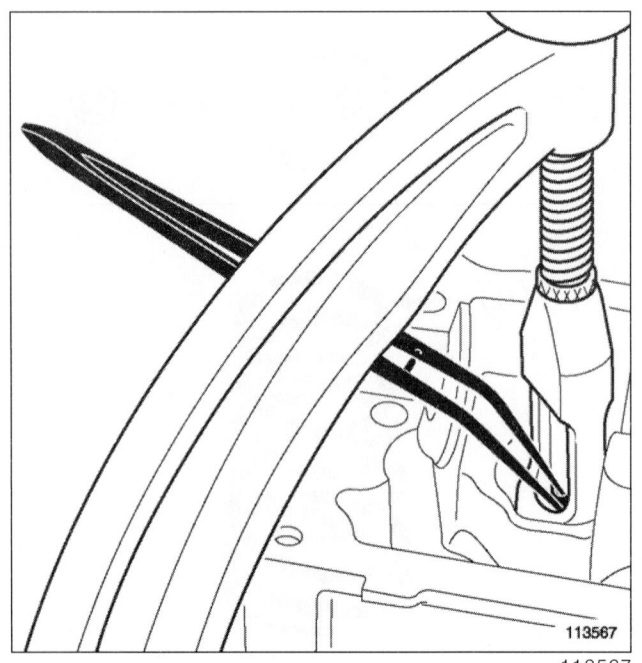

- 트위저를 사용하여 두 개의 하프 콜렛을 장착한다.
- 밸브 스프링의 압축을 푼다.
- **스프링 컴프레서를 탈거한다.**
- 각 밸브에 대해 이 작업을 반복한다.

III - 최종 작업

- 밸브를 교환할 때 항상 실린더 헤드 접촉면에 상대적인 밸브 위치가 공차 범위 내에 있는지 점검한다 (10A, 엔진 및 실린더 블록 어셈블리, 밸브 : 점검 참조).

> 참고 :
> 밸브 위치가 실린더 헤드 접촉면에 상대적인 허용 공차 값을 벗어나는 경우 엔진이 손상될 수 있다.

- 다음을 장착한다 :
  - 원래 위치를 확인하며 가장자리 전체에 오일을 발라 밸브 태핏,
  - 캠샤프트 (**캠샤프트 : 탈거 - 장착** 참조).
- 밸브, 태핏 또는 캠샤프트 교환 시 밸브 간극을 점검하고 조정해야 한다 (10A, 엔진 및 실린더 블록 어셈블리, 밸브 : 점검 참조).

> 참고 :
> 밸브 간극 값이 공차를 벗어나면 엔진이 손상될 수 있다.

- 다음을 장착한다 :
  - 타이밍 엔드의 캠샤프트 씰 (**프론트 오일 씰 : 탈거 - 장착** 참조),
  - 배기 매니폴드 (**배기 매니폴드 : 탈거 - 장착** 참조),
  - EGR 어셈블리 (**EGR 어셈블리 : 탈거 - 장착** 참조).
- 다음을 장착한다 :
  - 에어 인렛 금속 튜브,
  - 타이밍 엔드의 슬링거,
  - 타이밍 엔드 슬링거 볼트.
- 타이밍 엔드 슬링거 볼트를 규정 토크 (25 N.m) 로 조인다.
- 다음을 장착한다 :
  - 배기 가스 온도 센서 (**배기 가스 온도 센서 : 탈거 - 장착** 참조),
  - 워터 아웃렛 (**냉각 유닛 : 탈거 - 장착** 참조),
  - 진공 펌프,
  - 글로우 플러그 (**예열 플러그 : 탈거 - 장착** 참조),
  - 연료 레일 (**인젝터 레일 : 탈거 - 장착** 참조),
  - 고압 펌프 (**고압 펌프 : 탈거 - 장착** 참조),
  - 펌프와 연료 레일 간 고압 파이프 (**펌프와 레일 간 고압 파이프 : 탈거 - 장착** 참조).
- 다음을 장착한다 :
  - 디젤 인젝터 (**디젤 인젝터 : 탈거 - 장착** 참조),
  - 연료 레일과 인젝터 간 고압 파이프 (**레일과 인젝터 간 고압 파이프 : 탈거 - 장착** 참조).
- 다음을 장착한다 :
  - 인젝터 레일 프로텍터,
  - 인젝터 레일 프로텍터 너트.
- 인젝터 레일 프로텍터 너트를 규정 토크 (10 N.m) 로 조인다.
- 실린더 헤드를 장착한다 (**실린더 헤드 : 탈거 - 장착** 참조).

엔진 및 실린더 블록 어셈블리
밸브 : 점검

10A

J87/K9K

필요 장비
압축 공기 노즐
외부 마이크로미터
다이얼 게이지 서포트
다이얼 게이지
내장 마이크로미터
스프링 컴프레서
트위저
슬라이딩 캘리퍼
필러 게이지 세트
자석 홀더

I - 점검 준비 작업

경고
수리 작업 전 시스템 손상의 우려가 있는 모든 위험을 방지하기 위해 안전, 청결 지침 및 작업에 대한 가이드라인을 확인한다 (10A, 엔진 및 실린더 블록 어셈블리, 엔진 : 사전 주의사항 참조).

다음을 탈거한다 :
- 실린더 헤드 (**실린더 헤드 : 탈거 - 장착** 참조),
- 밸브 (10A, 엔진 및 실린더 블록 어셈블리, 밸브 : 탈거 - 장착 참조).

점검 전 주의사항 :
- 점검할 부품을 표면 클리너 (**차량 : 정비용 소모품** 참조) 로 청소하고 **압축 공기 노즐**을 사용하여 건조시킨다,
- 부품이 긁히지 않았고 충격이나 비정상적인 마모의 흔적이 없는지 점검한다 (필요한 경우 부품 교환),
- 밸브가 밸브 가이드에서 자유롭게 미끄러지는지 점검한다.

II - 밸브 점검

1 - 밸브 크기 점검

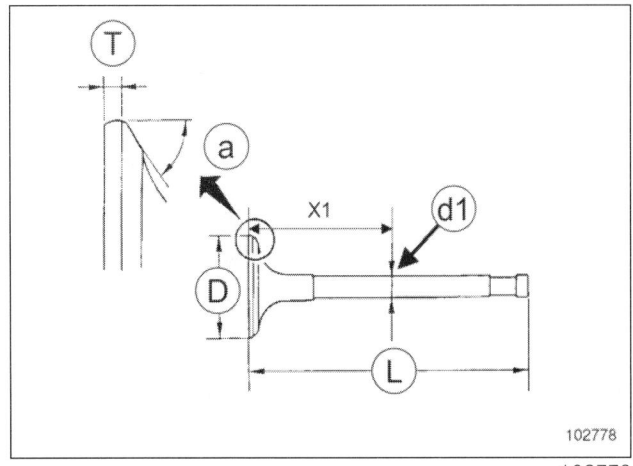

외부 마이크로미터를 사용하여 다음을 측정한다 :
- 다음 위치의 밸브 스템 직경 (d1):
  · (X1) = 41 mm, 흡기 밸브의 경우
  · (X1) = 31 mm, 배기 밸브의 경우
- 밸브 헤드 직경 (D),
- 밸브 길이 (L).

	흡기	배기 시스템
밸브 스템 직경 (d1) (mm)	5.977 ± 0.008	5.963 ± 0.008
밸브 헤드 직경 (D) (mm)	33.5 ± 0.12	29 ± 0.12
밸브 헤드 두께 (T) (mm)	1	1
밸브 길이 (L) (mm)	100.95 ± 0.21	100.75 ± 0.21
접촉면 각도 (a)	45°	
밸브 리프트 (mm)	8	8.6

2 - 밸브와 밸브 가이드 사이의 간극 점검

밸브와 밸브 가이드 사이의 간극 점검은 두 가지 방법으로 수행할 수 있다.

엔진 및 실린더 블록 어셈블리
밸브 : 점검

10A

J87/K9K

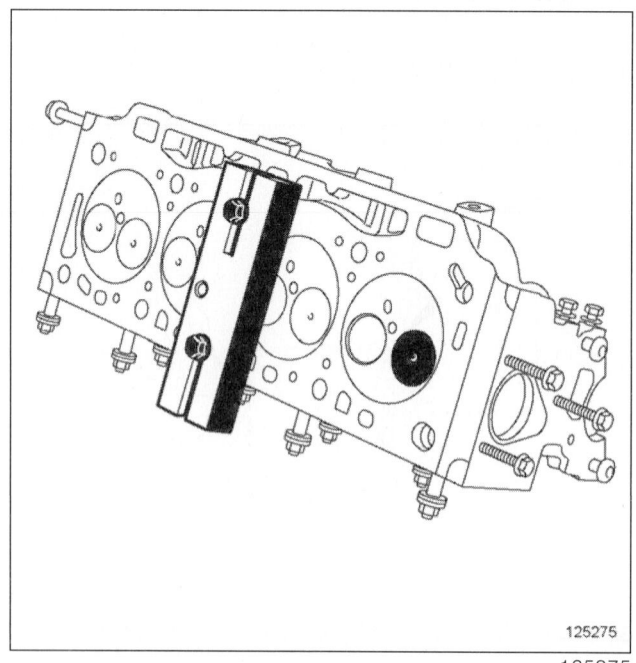

피스톤 라이너 돌출 측정용 압력 플레이트 공구를 실린더 헤드에 장착한다.

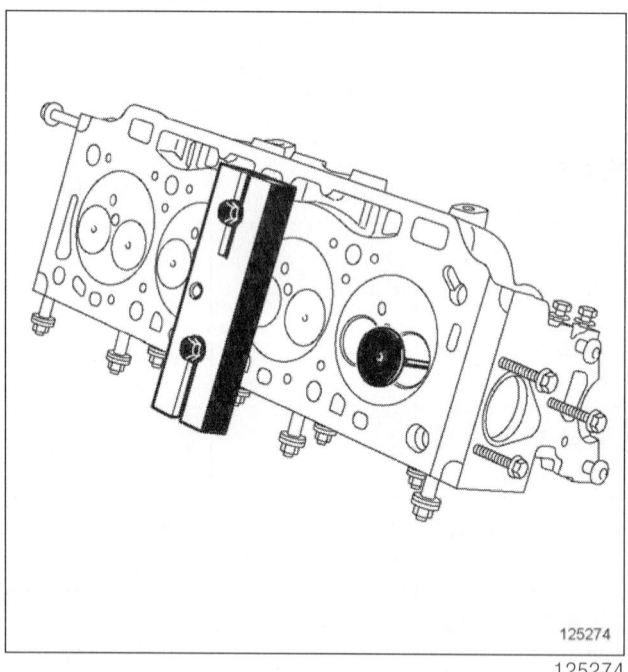

밸브를 25 mm 만큼 꺼낸다.

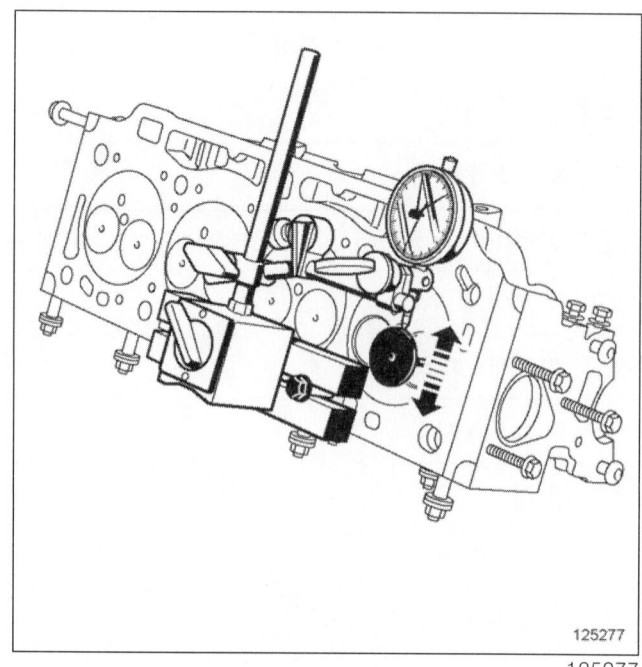

다음을 장착한다 :

- 다이얼 게이지 서포트,
- 마운팅에 다이얼 게이지.

밸브 샤프트를 기준으로 90° 각도가 되도록 밸브 헤드에 다이얼 게이지 필러를 위치시킨다.

밸브 헤드를 다이얼 게이지 방향으로 민다.

다이얼 게이지를 0 으로 보정한다.

밸브 헤드를 다이얼 게이지 반대쪽으로 민다.

다이얼 게이지에 표시된 값을 기록한다.

밸브와 밸브 가이드 사이의 실제 간극은 다이얼 게이지로 측정한 값을 2 로 나누어 계산한다.

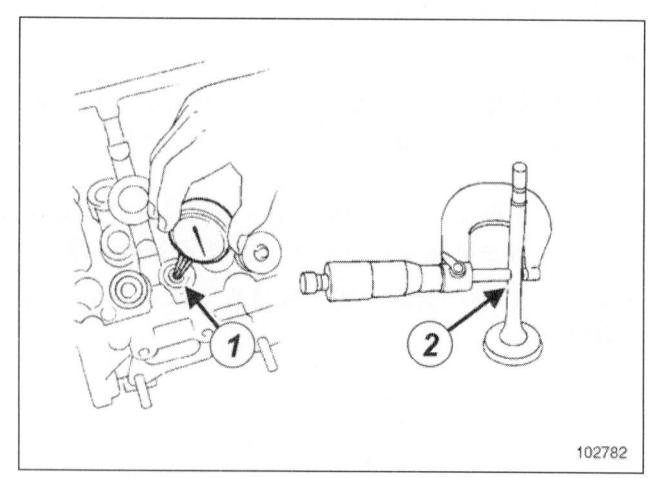

또는 다음을 측정한다 :

- 내장 마이크로미터를 사용하여 밸브 가이드의 내경 (1),

엔진 및 실린더 블록 어셈블리
밸브 : 점검

10A

J87/K9K

- 외부 마이크로미터를 사용하여 밸브 스템의 외경 (2).

실제 간극은 밸브 가이드 내경 (1) - 밸브 스템 외경 (2) 으로 계산한다.

밸브와 밸브 가이드 사이의 간극은 다음 사이여야 한다 :

- 흡기 밸브의 경우 0.02 ~ 0.05 mm,
- 배기 밸브의 경우 0.03 ~ 0.06 mm.

3 - 밸브 돌출부 점검

밸브 교환 시 작업을 수행한다.

실린더 헤드 접촉면에 상대적인 밸브 헤드의 위치가 올바른 엔진 작동을 보장하는 허용 공차 범위 내에 있는지 점검한다.

> 참고 :
> 밸브 헤드 위치가 실린더 헤드 접촉면에 상대적인 허용 공차 값을 벗어나는 경우 엔진이 손상될 수 있다.

다음을 장착한다 :

- 다이얼 게이지 서포트 공구 (3) 를 실린더 헤드에,
- 다이얼 게이지 (5) 를 피스톤 라이너 돌출 측정용 압력 플레이트 (4) 의 서포트에,
- 《서포트 - 다이얼 게이지》어셈블리를 다이얼 게이지 서포트 공구에.

실린더 헤드 가스켓 표면에 다이얼 게이지 센서를 위치시킨다.

다이얼 게이지를 0 으로 보정한다.

각 밸브의 밸브 간극을 측정하여 기록한다.

표시된 값이 흡기 및 배기 밸브의 최대 돌출 (+0.07 mm) 과 최대 후퇴 (-0.07 mm) 사이여야 한다.

다이얼 게이지, 피스톤 라이너 돌출 측정용 압력 플레이트 및 다이얼 게이지 서포트 공구를 탈거한다.

III - 밸브 스프링 점검

1 - 첫 번째 장착

a - 밸브 스프링 식별

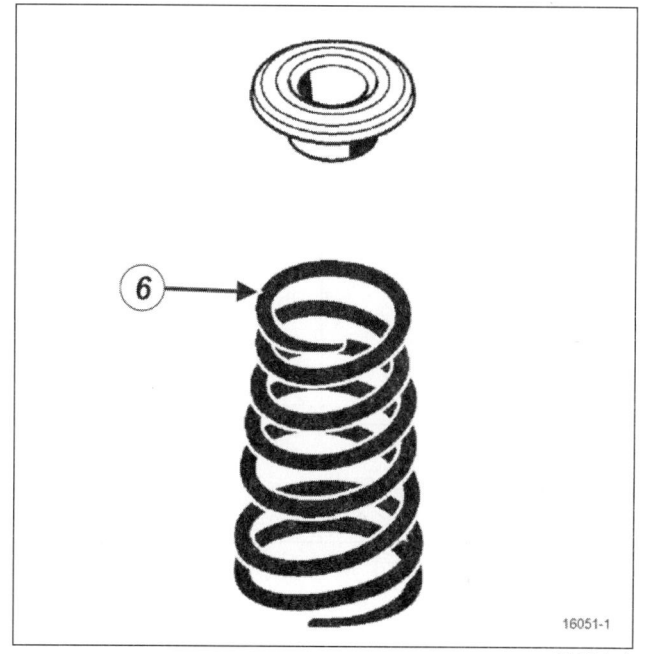

흡기 및 배기 밸브 스프링은 동일하다.

밸브 스프링은 **원뿔형**이며 스프링 부분 (6) 이 위를 향해야 한다.

b - 밸브 스프링 치수 점검

스프링 컴프레서를 사용하거나 **슬라이드 해머 밸브 리프터** 공구를 사용하여 밸브 스프링을 압축한다.

트위저 또는 자석을 사용하여 밸브에서 하프 부싱을 탈거한다.

스프링 컴프레서를 천천히 돌려 푼다.

다음을 탈거한다 :

- 스프링 컴프레서,
- 스프링 어퍼 컵,
- 위치를 기록하면서 밸브 스프링.

모든 밸브 스프링에 대해 이 작업을 반복한다.

엔진 및 실린더 블록 어셈블리
밸브 : 점검

10A

J87/K9K

외부 마이크로미터 또는 슬라이딩 캘리퍼를 사용하여 다음을 측정한다 :

- 자유 길이 ,
- 코일이 닿은 상태의 길이 ,
- 와이어 직경 ,
- 하단 및 상단의 내경 ,
- 하단 및 상단의 외경 .

자유 길이	43.31 mm
코일이 닿은 상태의 길이	23.40 mm
와이어 직경	3.45 mm
내경 : - 스프링 하단 - 스프링 상단	18.80 ± 0.2 mm 14.10 ± 0.2 mm
외경 : - 스프링 하단 - 스프링 상단	25.70 ± 0.2 mm 21 ± 0.2 mm

c - 밸브 스프링 마모 점검

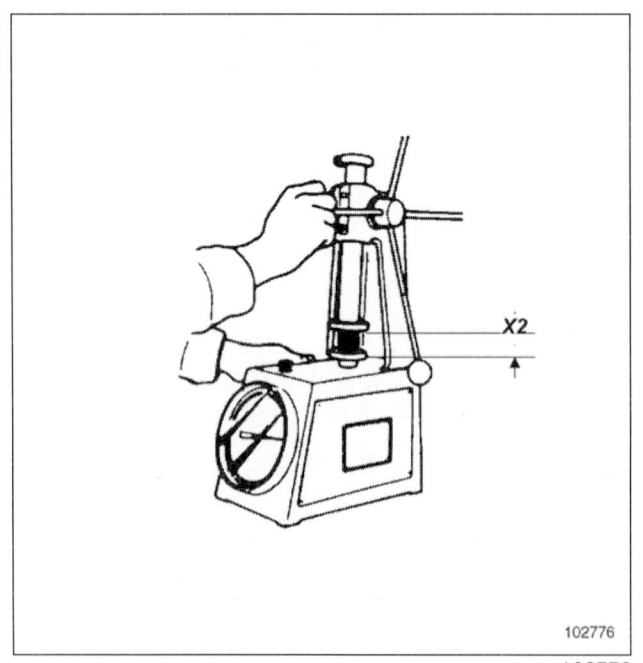

스프링 마모 점검 특수 공구에 밸브 스프링을 장착한다 .
점검 특수 공구로 길이 (X2) 를 측정하여 밸브 스프링의 마모를 점검한다 . 길이는 다음과 같아야 한다 :

- 218 ~ 242 의 부하 상태에서 33.80 mm
- 477 ~ 523N 의 부하 상태에서 24.80 mm

스프링 마모 점검 특수 공구에서 밸브 스프링을 탈거한다 .

2 - 두 번째 장착

a - 밸브 스프링 식별

흡기 및 배기 밸브 스프링은 동일하다 .

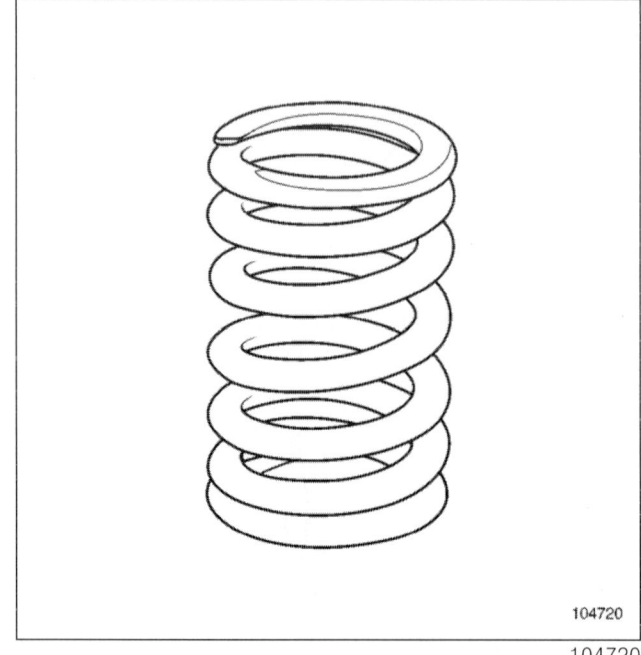

내경	14.10 ± 0.2 mm
와이어 직경	2.80 ± 0.02 mm
외경	19.70 ± 0.2 mm
자유 길이	46.90 mm

엔진 및 실린더 블록 어셈블리
밸브 : 점검

10A

J87/K9K

b - 밸브 스프링 마모 점검

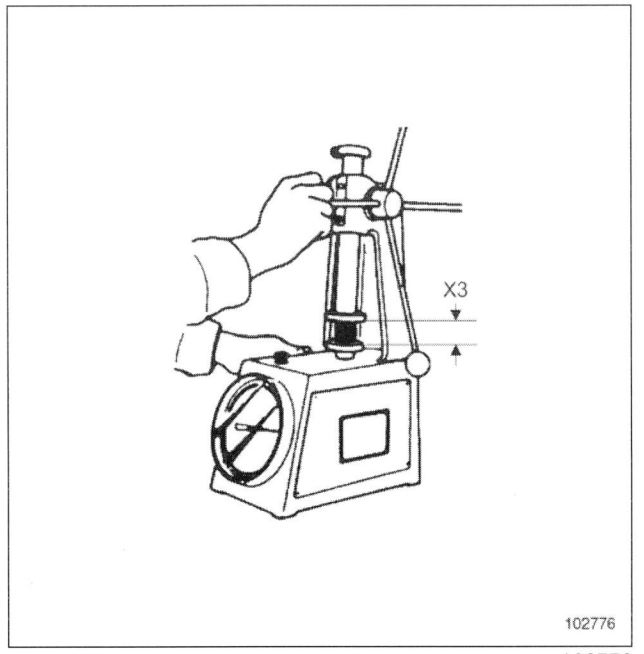

다이나모를 사용해 길이 (X3) 를 측정하여 스프링 마모를 점검한다. 길이는 다음과 같아야 한다 :

- 210 ± 10N 의 부하 상태에서 34.90 mm
- 370 ± 17N 의 부하 상태에서 26.90 mm

c - 밸브 스프링 직각도 점검

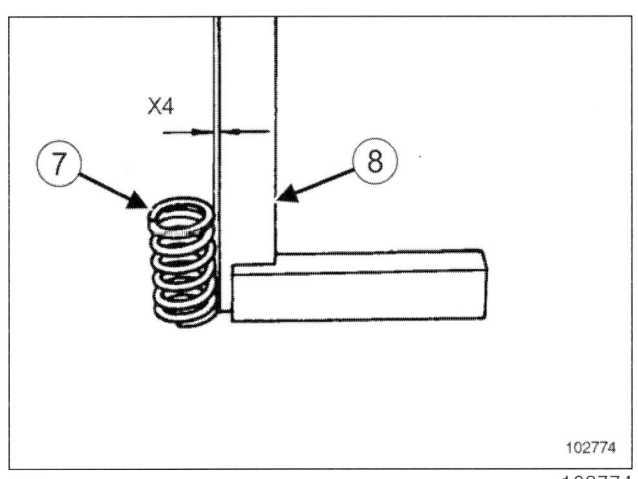

바디 지그 벤치 에 다음을 위치시킨다 :

- 밸브 스프링 (7),
- 브래킷 (8).

필러 게이지 세트 를 사용하여 간극을 점검한다.

간극 (X4) 이 1.4 mm 보다 작아야 한다.

IV - 밸브 간극 조정

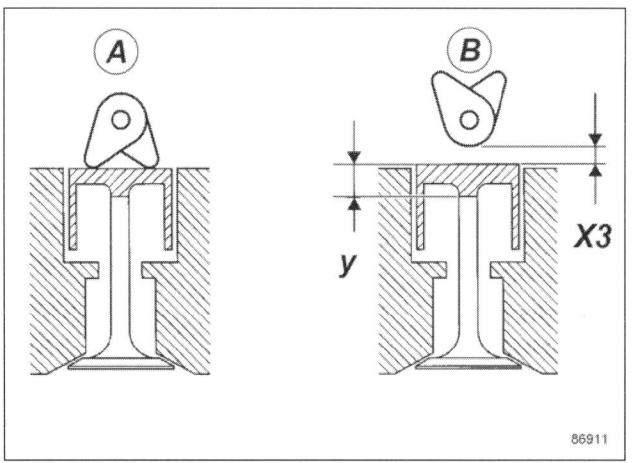

흡기 위치부터 시작하여 배기측에 실린더 밸브 (A) 를 장착한다.

필러 게이지 세트를 사용하여 실린더 밸브 (B) 의 간극 (X3) 을 점검한다.

냉간 밸브 간극은 다음 사이여야 한다 :

- 흡기의 경우 0.125 ~ 0.25 mm,
- 배기의 경우 0.325 ~ 0.45 mm.

간극 값을 기록한다.

참고 :
치수 (y) 는 태핏 두께 분류에 해당한다.

다른 실린더에 대해 위 작업을 반복 실시한다 :

(A) 에 위치시킨 실린더	(B) 에서 간극을 측정한 실린더
1	4
3	2
4	1
2	3

기록된 값을 규정 값과 비교한다.

태핏이 공차 범위를 벗어나는 경우 태핏을 교환한다.

참고 :
태핏을 교환하려면 캠샤프트를 탈거해야 한다.

엔진 및 실린더 블록 어셈블리
밸브 : 점검

10A

J87/K9K

1 - 치수 《Y》 측정

다음 설치를 수행하여 밸브 태핏의 두께 그레이드를 결정한다.

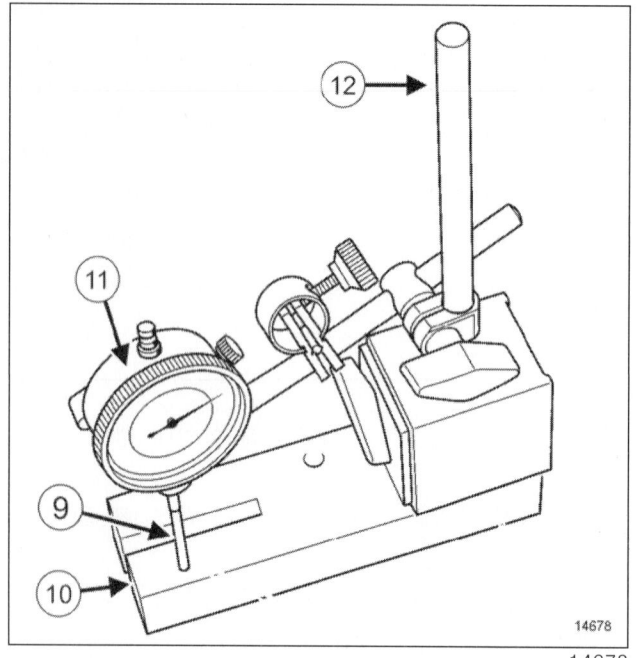

다이얼 게이지 서포트의 익스텐션 피스 (9) 를 다이얼 게이지 (11) 에 장착한다.

자석 홀더 (12) 에 다이얼 게이지 (11) 를 장착한다.

《다이얼 게이지 - 자석 홀더》 어셈블리를 피스톤 라이너 돌출 측정용 압력 플레이트의 플레이트 (10) 에 둔다.

다이얼 게이지를 보정한다.

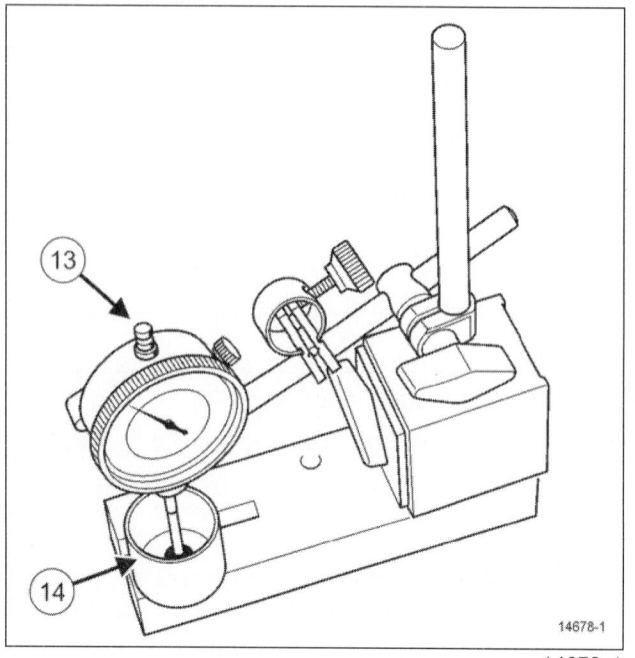

다이얼 게이지의 로드 (13) 를 들어올린다 (《다이얼 게이지 - 자기식 홀더》 어셈블리 위치는 변경하지 않음).

측정할 밸브 태핏 (14) 을 피스톤 라이너 돌출 측정용 압력 플레이트의 플레이트에 둔다.

측정 (y) 을 실시한다.

측정할 다른 밸브 태핏에 대해 이전 작업을 반복 실시한다.

두께가 다른 태핏을 선택하려면 해당 차량의 **서비스 부품 카탈로그**를 참조한다.

2 - 태핏 점검

태핏은 싱글 유닛 기계 장치이다.

태핏 표면의 상태를 점검한다 (마모 또는 도포 균열 (15)).

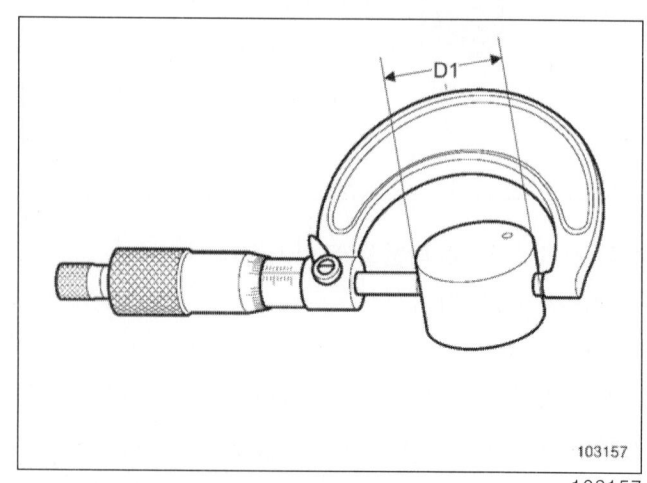

10A-38

엔진 및 실린더 블록 어셈블리
밸브 : 점검

10A

J87/K9K

외부 마이크로미터를 사용하여 각 태핏의 외경 (D1) 을 측정한다. 외경은 34.965 ~ 34.985 mm 사이여야 한다.

실린더 헤드의 태핏 하우징 직경은 35 ~ 35.04 mm 사이여야 한다.

태핏과 태핏 하우징 사이의 간극은 0.015 ~ 0.075 mm 사이여야 한다.

V – 최종 작업

다음을 장착한다 :

- 밸브 (10A, 엔진 및 실린더 블록 어셈블리, 밸브 : 탈거 – 장착 참조),
- 실린더 헤드 (실린더 헤드 : 탈거 – 장착 참조).

엔진 및 실린더 블록 어셈블리
피스톤 – 커넥팅 로드 : 탈거 – 장착

10A

L43/K9K/849

특수 공구	
RSM 9248	플라이휠 록킹 공구

필요 장비
피스톤 링 컴프레서
압축 공기 노즐
구성부품 서포트

규정 토크	
커넥팅 로드 캡 볼트	25 N.m + 110° ± 6°

주의

탈거한 부품과 관련된 안전은 고객이 관리해야 한다. 탈거 및 장착 시 이 절차에서 설명하는 안전 지침을 준수해야 한다.

경고

수리 작업 전 시스템 손상의 우려가 있는 모든 위험을 방지하기 위해 안전, 청결 지침 및 작업에 대한 가이드라인을 확인한다 (10A, 엔진 및 실린더 블록 어셈블리, 엔진 : 사전 주의사항 참조).

주의

엔진 오일 팬에는 어떠한 힘도 가하면 안 된다. 엔진 오일 팬이 변형되면 엔진에 다음과 같이 영구적인 손상이 발생할 수 있다 :
- 오일 스트레이너의 막힘,
- 오일 레벨이 최대 값을 넘어 엔진 공전 발생.

탈거

I - 탈거 준비 작업

- 《엔진 – 변속기 어셈블리》를 탈거한다 (엔진 – 변속기 어셈블리 : 탈거 – 장착 참조).
- 엔진에서 변속기를 분리한다 (자동변속기 : 탈거 – 장착 참조).
- 엔진을 구성부품 서포트 위에 위치시킨다 (10A, 엔진 및 실린더 블록 어셈블리, 엔진 서포트 장비 : 사용 참조).

- 엔진 오일을 배출한다 (엔진 오일 – 오일 필터 : 배출 – 주입 참조).
- 드라이브 벨트를 탈거한다 (드라이브 벨트 – 크랭크샤프트 풀리 : 탈거 – 장착 참조).
- 플라이휠 록킹 공구 (RSM 9248) (1) 을 장착한다.
- 다음을 탈거한다 :
  - 크랭크샤프트 풀리 (드라이브 벨트 – 크랭크샤프트 풀리 : 탈거 – 장착 참조),
  - 클러치 디스크 및 압력 플레이트 (클러치 : 탈거 – 장착 참조),
  - 플라이휠 (플라이휠 : 탈거 – 장착 참조),
  - 플라이휠 록킹 공구 (RSM 9248),
  - 타이밍 벨트 (타이밍 벨트 : 탈거 – 장착 참조).

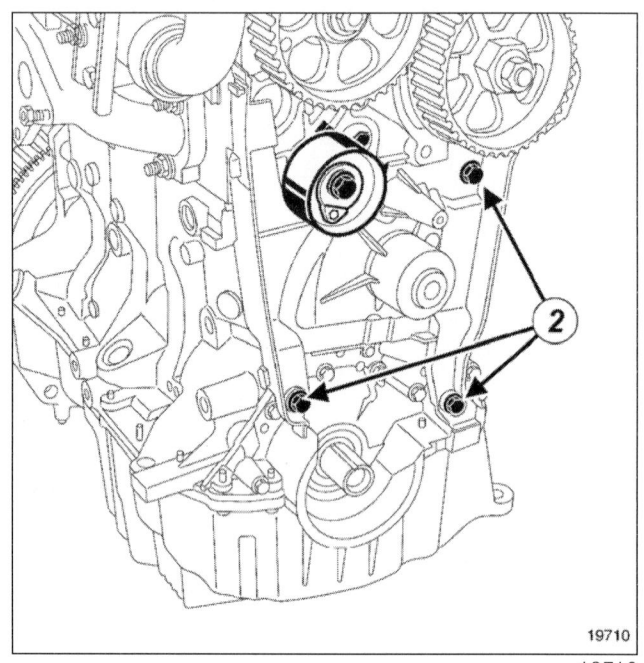

- 다음을 탈거한다 :
  - 타이밍 벨트 텐셔너,
  - 내부 타이밍 커버 볼트 (2),
  - 내부 타이밍 커버,
  - 알터네이터 (알터네이터 : 탈거 – 장착 참조),
  - 에어 컨디셔닝 컴프레서 (컴프레서 : 탈거 – 장착 참조),
  - 터보차저 아웃렛 배기 가스 덕트 (터보차저 : 탈거 – 장착 참조),
  - 터보차저 (터보차저 : 탈거 – 장착 참조),
  - 전동 스로틀 (인렛 플랩 : 탈거 – 장착 참조).

엔진 및 실린더 블록 어셈블리
피스톤 – 커넥팅 로드 : 탈거 – 장착

10A

L43/K9K/849

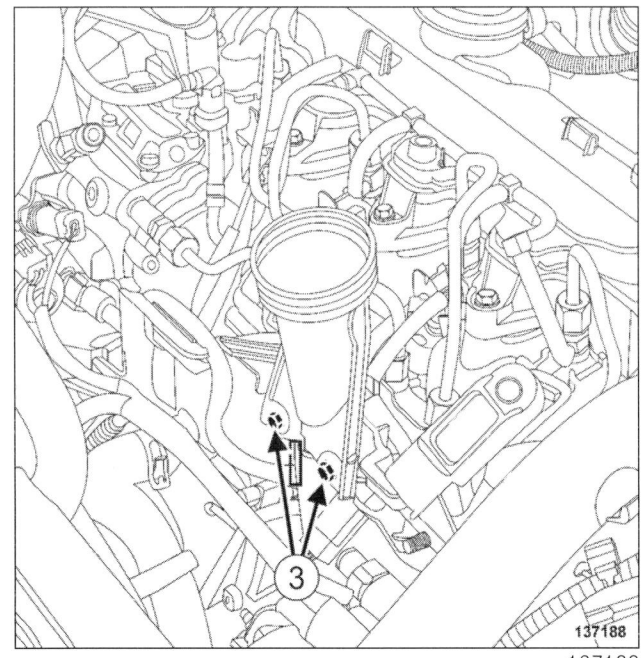

- 다음을 탈거한다 :
  - 엔진 오일 레벨 게이지 ,
  - 엔진 오일 레벨 게이지 가이드 볼트 (3),
  - 엔진 오일 레벨 게이지 가이드 ,
  - 연료 리턴 레일 (**디젤 인젝터 연료 리턴 레일 : 탈거 – 장착** 참조).

- 다음을 탈거한다 :
  - 연료 레일과 인젝터 간 고압 파이프 (**레일과 인젝터 간 고압 파이프 : 탈거 – 장착** 참조),
  - 인젝터 (**디젤 인젝터 : 탈거 – 장착** 참조).

- 다음을 탈거한다 :
  - 로커 커버 (**로커 커버 : 탈거 – 장착** 참조),
  - 실린더 헤드 (**실린더 헤드 : 탈거 – 장착** 참조),
  - 멀티펑션 서포터 (**멀티펑션 서포트 : 탈거 – 장착** 참조),
  - 리어 오일 씰 (**리어 오일 씰 : 탈거 – 장착** 참조),
  - 오일 팬 (**로어 커버 : 탈거 – 장착** 참조),
  - 오일 펌프 및 오일 비산 플레이트 (**오일 펌프 : 탈거 – 장착** 참조).
  - 크랭크샤프트 타이밍 스프로켓 ,
  - 프론트 오일 씰 (**프론트 오일 씰 : 탈거 – 장착** 참조).

II – 피스톤 – 커넥팅 로드 어셈블리 탈거 작업

" 피스톤 – 커넥팅 로드 " 어셈블리 탈거 작업

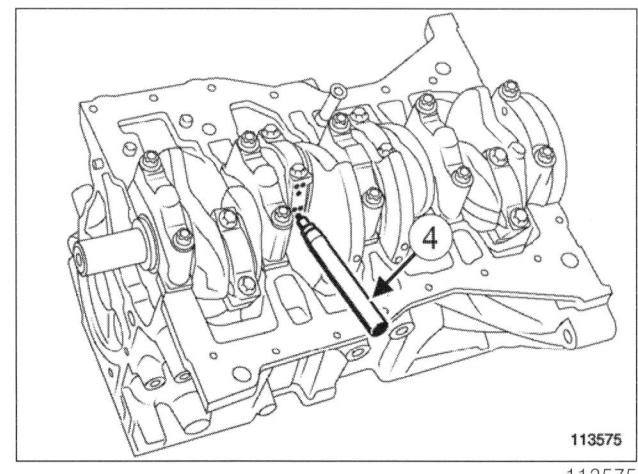

주의

끝이 날카롭거나 조각용 도구를 사용하여 베어링 캡 커넥팅 로드에 표시하지 않는다 . 그렇지 않을 경우 커넥팅 로드에 균열이 생길 수 있다 .

유성 마커 펜을 사용한다 .

- 유성 마커 펜 (4) 을 사용하여 바디를 기준으로 커넥팅 로드 캡 위치를 표시한다 .

경고

작업 중에는 보호 장갑을 착용한다 .

- 다음을 탈거한다 :
  - 커넥팅 로드 캡 볼트 ,
  - 커넥팅 로드 캡 ,
  - 커넥팅 로드 캡을 기준으로 위치를 표시하면서 커넥팅 로드 캡 베어링 하프 쉘 ,
  - 실린더 블록의 실린더 헤드측에서 " 피스톤 – 커넥팅 로드 " 어셈블리 ,
  - 커넥팅 로드 바디를 기준으로 위치를 표시하면서 커넥팅 로드 바디 베어링 하프 쉘 .

1 – 피스톤 링 탈거 작업

- 이 작업은 피스톤 링 교환 또는 점검 시에만 수행해야 한다 (10A, 엔진 및 실린더 블록 어셈블리 , 피스톤 – 커넥팅 로드 : 점검 참조).

엔진 및 실린더 블록 어셈블리
피스톤 – 커넥팅 로드 : 탈거 – 장착

10A

L43/K9K/849

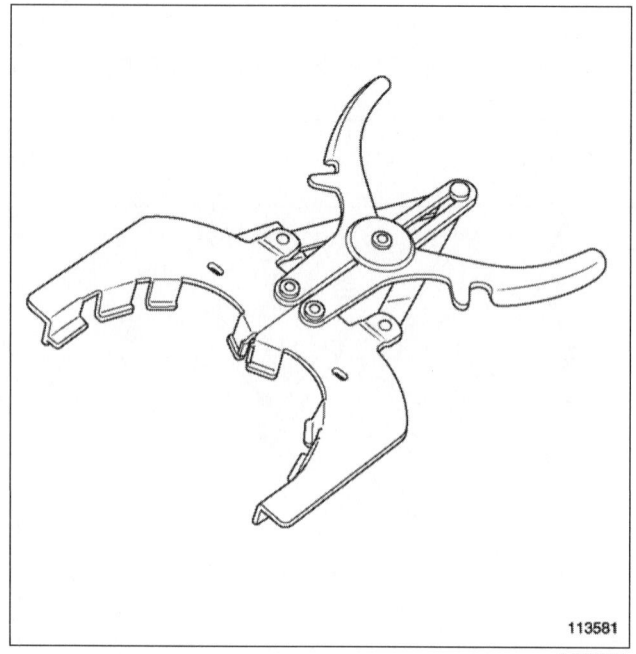

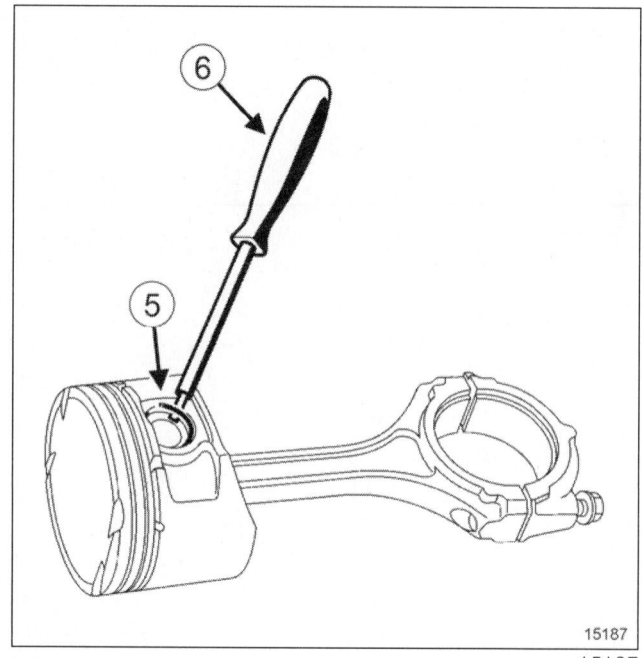

❏

> 참고 :
>
> 링 탈거 시 피스톤이 손상되지 않도록 주의한다 . 손상될 위험이 있으므로 링을 너무 많이 열지 않는다 .
>
> 재사용하는 경우 피스톤을 기준으로 피스톤 링 위치를 표시한다 .

❏ 피스톤 링 컴프레서를 사용하여 피스톤 링을 탈거한다 .

2 - 커넥팅 로드 및 피스톤 분리 작업

❏ 이 작업은 피스톤이나 커넥팅 로드 교환 또는 점검시에만 수행해야 한다 (10A, 엔진 및 실린더 블록 어셈블리 , 피스톤 – 커넥팅 로드 : 점검 참조).

❏ 유성 마커 펜을 사용하여 실린더를 기준으로 피스톤 위치를 표시한다 .

❏ 일자드라이버 (6) 를 사용하여 록 링 (5) 을 탈거한다 .

❏ 손으로 피스톤 핀을 탈거한다 .

❏ 유성 마커 펜을 사용하여 피스톤을 기준으로 피스톤 핀 위치를 표시한다 .

장착

I - 장착 준비 작업

❏ 상시 교체 부품 : 로드 캡 볼트 .

상시 교체 부품 : 커넥팅 로드 베어링

❏

> 경고
>
> 작업 중에는 측면 프로텍터가 있는 보호 안경을 착용한다 .

> 참고 :
>
> 커넥팅 로드 손상을 방지하기 위해 캡 접촉면을 두드리거나 커넥팅 로드 바디에 기대어 놓지 않는다 .

❏ 클리너로 피스톤 – 커넥팅 로드 어셈블리를 청소한다 (차량 : 정비용 소모품 참조).

❏ 압축 공기 노즐을 사용하여 " 피스톤 – 커넥팅 로드 " 어셈블리를 건조시킨다 .

엔진 및 실린더 블록 어셈블리
피스톤 – 커넥팅 로드 : 탈거 – 장착

10A

L43/K9K/849

1 - 피스톤 링 장착 작업

- 이 작업은 피스톤 링 교환 또는 점검 시에만 수행해야 한다 (10A, 엔진 및 실린더 블록 어셈블리, 피스톤 – 커넥팅 로드 : 점검 참조).

> 참고 :
> 피스톤 링 교환 시 항상 해당 피스톤에 있는 피스톤 링 3 개를 교환한다.

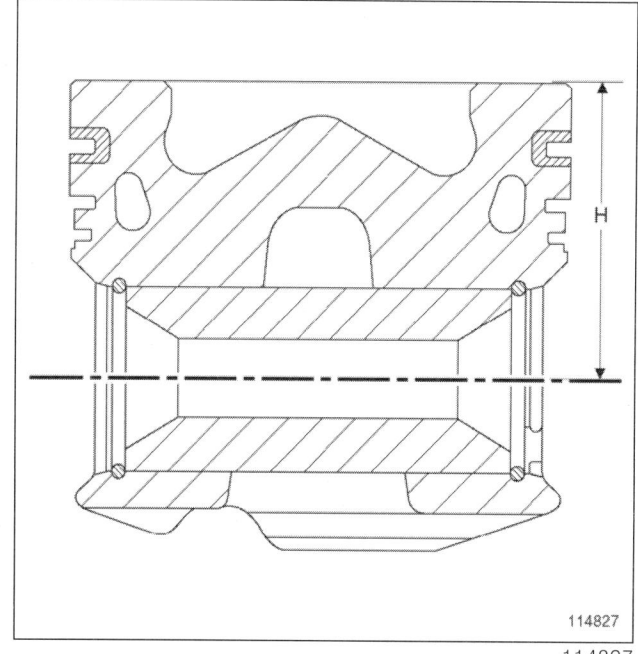

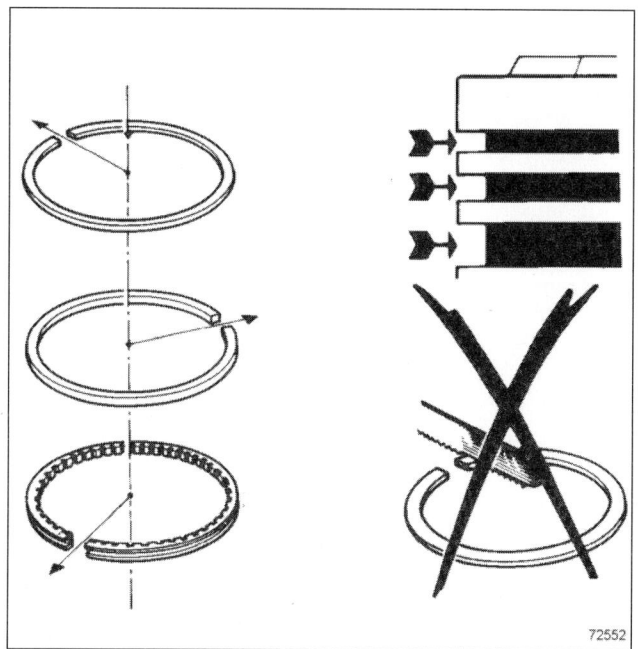

- 커넥팅 로드 또는 피스톤 교환 시 실린더 블록에 대한 피스톤 돌출이 허용 오차 범위 내에 있도록 보장하는 피스톤 핀 (10A, 엔진 및 실린더 블록 어셈블리, 피스톤 – 커넥팅 로드 : 점검 참조) 높이 (H) 를 계산하여 엔진에 장착할 신품 피스톤 그레이드를 확인한다.

> 참고 :
> 실린더 블록의 실린더 헤드 표면 기준의 피스톤 돌출이 허용 오차 범위를 벗어나면 다음과 같은 문제가 발생할 수 있다 :
> - 엔진 오작동 (시동 오류, 공해, 성능 불량),
> - 엔진 손상 (피스톤이 실린더 헤드나 밸브에 닿).

-
> 참고 :
> "TOP" 표시가 피스톤 상부를 향하도록 위치시켜 링 장착 방향을 맞춘다.

피스톤 링 컴프레서를 사용하여 미는 방식으로 각 피스톤에 피스톤 링을 장착한다 (피스톤 링의 오프닝이 서로 120 도를 이루도록 위치시킴).

2 - 피스톤 및 커넥팅 로드 어셈블리 작업

- 이 작업은 피스톤이나 커넥팅 로드 교환 또는 점검시에만 수행해야 한다 (10A, 엔진 및 실린더 블록 어셈블리, 피스톤 – 커넥팅 로드 : 점검 참조).

엔진 및 실린더 블록 어셈블리
피스톤 – 커넥팅 로드 : 탈거 – 장착

10A

L43/K9K/849

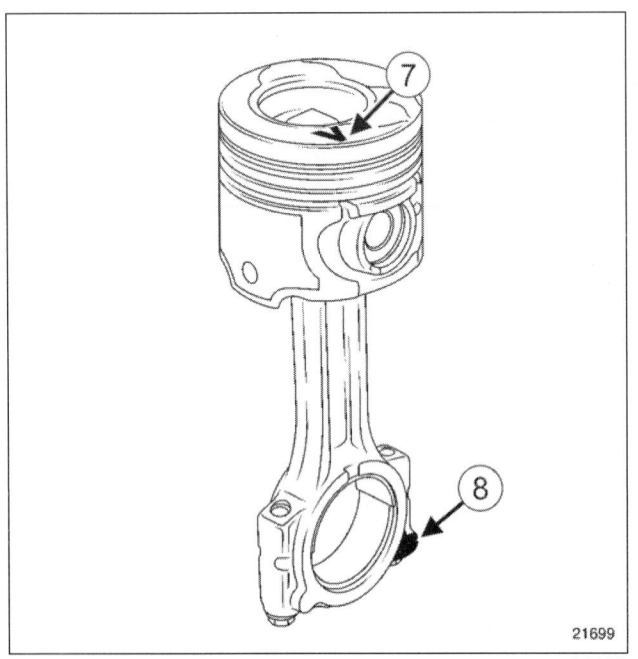

- 표시된 대로 피스톤 및 커넥팅 로드를 위치시킨다 (새겨진 화살표 V (7) 가 대단부 캡의 가공된 평평한 면 (8) 에서 뒤집힌 상태).
- 피스톤 핀에 오일을 바른다 .
- 소단부를 통과하도록 피스톤에 피스톤 핀을 장착한다 .

참고 :
피스톤 핀이 피스톤과 소단부에서 쉽게 작동 및 회전하는지 점검한다 .

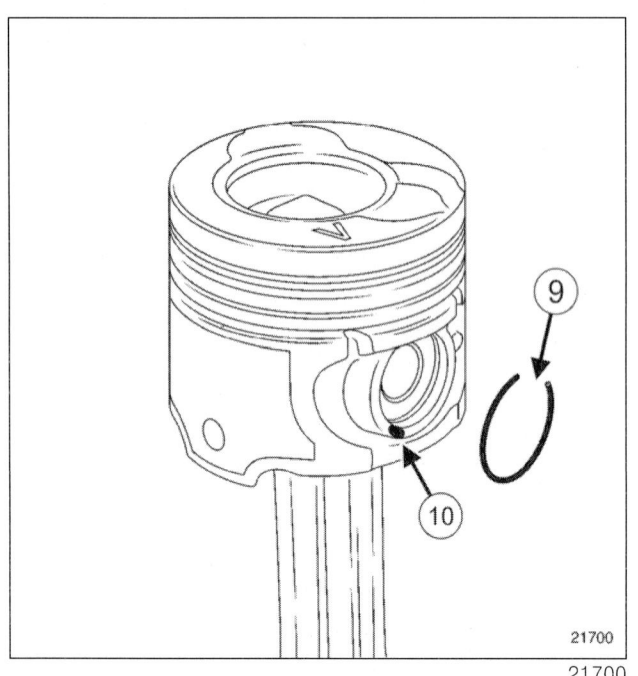

- 록 링 오프닝 (9) 이 탈거 노치 (10) 반대쪽에 오도록 하여 피스톤 핀의 록 링을 장착한다 .
- 각 《커넥팅 로드 – 피스톤》 어셈블리에서 이 작업을 반복한다 .

II – 피스톤 – 커넥팅 로드 어셈블리 장착 작업

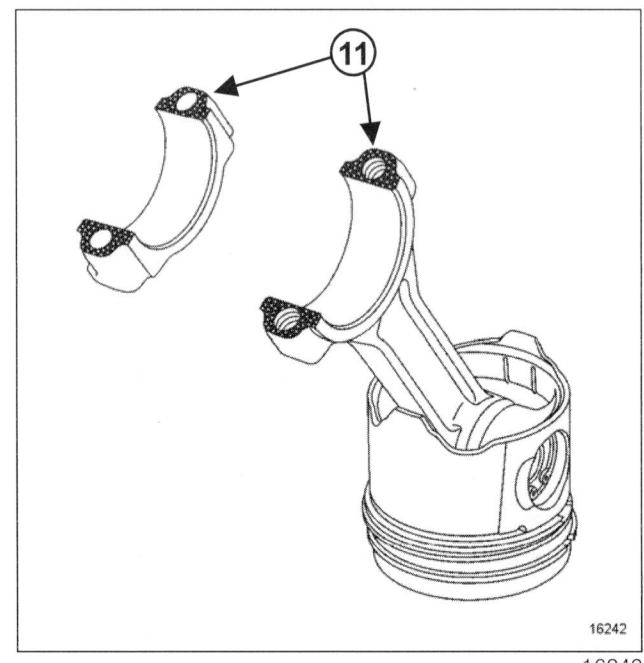

- 클리너를 사용하여 커넥팅 로드 바디 및 캡의 접촉면 (11) 에서 그리스를 제거한다 (차량 : 정비용 소모품 참조).

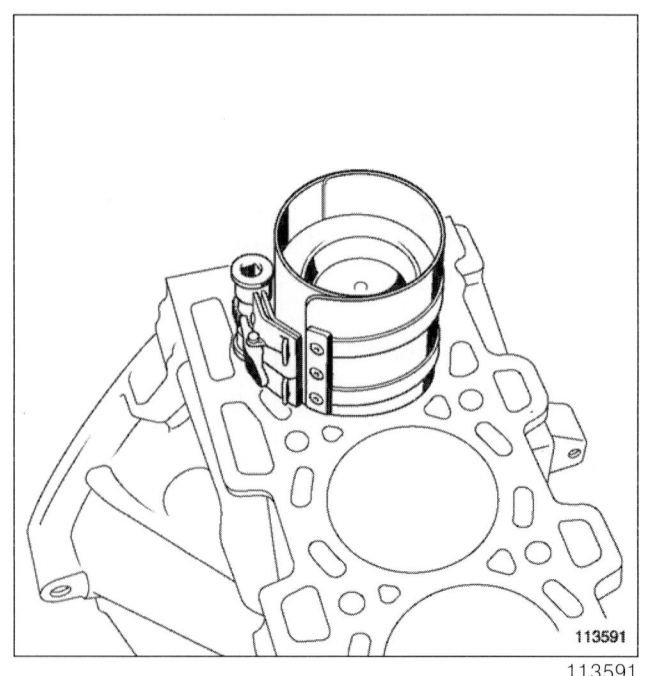

- 다음에 엔진 오일을 도포한다 :
  - 실린더 블록 배럴 ,

10A-44

엔진 및 실린더 블록 어셈블리
피스톤 – 커넥팅 로드 : 탈거 – 장착

10A

L43/K9K/849

- 피스톤 링,
- 피스톤을 장착할 콘 내부,
- 피스톤 주변,
- 크랭크샤프트 핀 저널.

❏ 피스톤 장착용 콘에 피스톤을 장착한다.

❏ 피스톤 장착용 콘을 해당 실린더 위에 위치시킨다.

> **참고 :**
> 피스톤을 누를 때 피스톤 링이 손상되지 않도록 주의한다.

❏ 피스톤을 부드럽게 눌러 배럴에 삽입한다.

❏ 각 피스톤에 대해 이 작업을 반복한다.

❏ 윤활된 베어링이 해당하는 핀에 장착되도록 하여 각 커넥팅 로드를 정확하게 위치시킨다.

L43/K9K/849

엔진 및 실린더 블록 어셈블리
피스톤 – 커넥팅 로드 : 탈거 – 장착

10A

L43/K9K/849

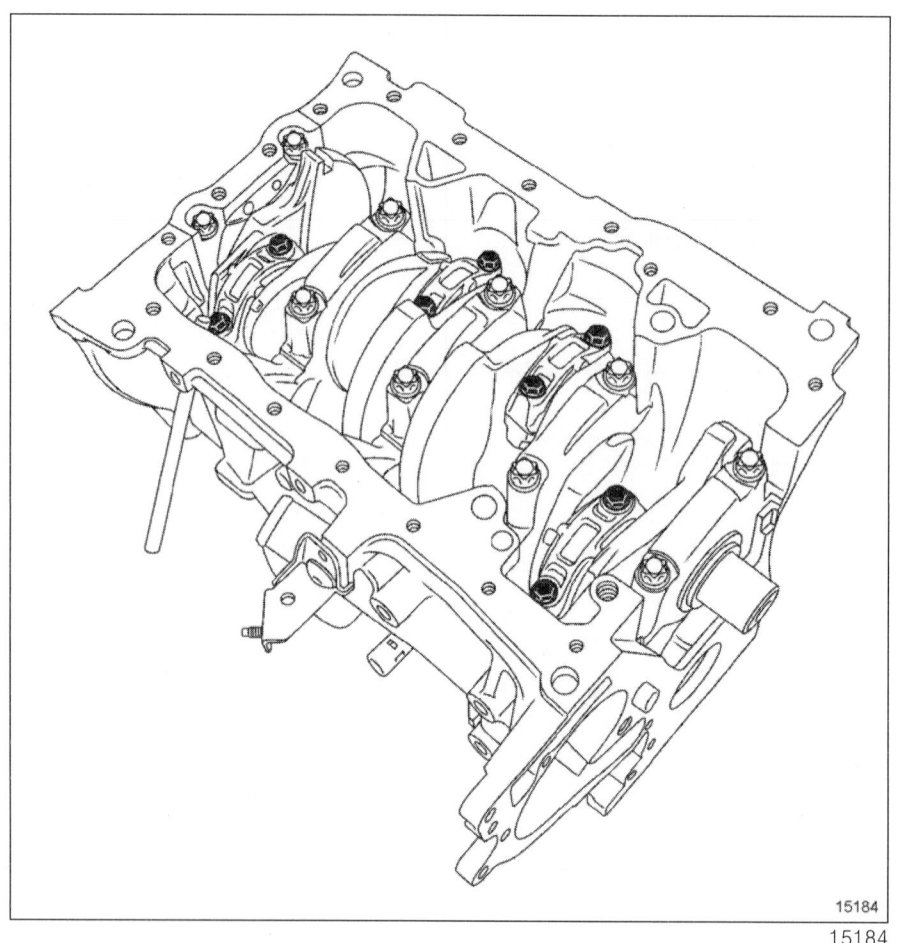

- 다음을 장착한다 :
  - 윤활된 베어링이 장착되어 있는 이전에 표시한 대단부 캡,
  - 대단부 캡 볼트.
- **커넥팅 로드 캡 볼트를 규정 토크 및 각도 (25 N.m + 110° ± 6°) 로 조인다.**
- 점검 사항 :
  - 회전 부품이 걸리는 곳 없이 자유롭게 회전하는지 여부,
  - 대단부의 사이드 유격 (10A, 엔진 및 실린더 블록 어셈블리, 피스톤 – 커넥팅 로드 : 점검 참조).
- 커넥팅 로드 또는 피스톤 교환 시 실린더 블록 기준의 피스톤 돌출을 항상 점검한다 (10A, 엔진 및 실린더 블록 어셈블리, 피스톤 – 커넥팅 로드 : 점검 참조).

참고 :

실린더 블록 기준의 피스톤 돌출이 허용 오차 범위를 벗어나면 다음과 같은 문제가 발생할 수 있다 :

- 엔진 오작동 (시동 오류, 공해, 성능 불량),
- 엔진 손상 (피스톤이 실린더 헤드나 밸브에 닿음).

III - 최종 작업

- 다음을 장착한다 :
  - 타이밍 엔드에 크랭크샤프트 씰 (프론트 오일 씰 : **탈거 – 장착** 참조),
  - 타이밍 스프로켓,
  - 오일 펌프 (오일 펌프 : **탈거 – 장착** 참조),
  - 오일 팬 (로어 커버 : **탈거 – 장착** 참조),
  - 리어 오일 씰 (리어 오일 씰 : **탈거 – 장착** 참조),
  - 멀티펑션 서포터 (멀티펑션 서포트 : **탈거 – 장착** 참조),
  - 실린더 헤드 (실린더 헤드 : **탈거 – 장착** 참조),

엔진 및 실린더 블록 어셈블리
피스톤 – 커넥팅 로드 : 탈거 – 장착

10A

L43/K9K/849

- 로커 커버 (**로커 커버 : 탈거 – 장착 참조**),
- 인렛 에어 플랩 (**인렛 플랩 : 탈거 – 장착 참조**),
- 터보차저 (**터보차저 : 탈거 – 장착 참조**),
- 터보차저 아웃렛 배기 가스 덕트 (**터보차저 : 탈거 – 장착 참조**),
- 에어 컨디셔닝 컴프레서 (**컴프레서 : 탈거 – 장착 참조**),
- 알터네이터 (**알터네이터 : 탈거 – 장착 참조**),
- 타이밍 벨트 텐셔너 ,
- 내부 타이밍 커버 ,
- 타이밍 벨트 (**타이밍 벨트 : 탈거 – 장착 참조**),
- 플라이휠 (**플라이휠 : 탈거 – 장착 참조**),
- 클러치 디스크 및 압력 플레이트 (**클러치 : 탈거 – 장착 참조**).

❏ 다음을 장착한다 :
- 인젝터 (**디젤 인젝터 : 탈거 – 장착 참조**),
- 연료 레일과 인젝터 간 고압 파이프 (**레일과 인젝터 간 고압 파이프 : 탈거 – 장착 참조**).

❏ 특수 공구 (RSM 9248) 을 사용하여 플라이휠을 잠근다 .

❏ 크랭크샤프트 풀리를 장착한다 (**드라이브 벨트 – 크랭크샤프트 풀리 : 탈거 – 장착 참조**).

❏ 특수 공구 (RSM 9248) 를 탈거한다 .

❏ 드라이브 벨트를 장착한다 (**드라이브 벨트 – 크랭크샤프트 풀리 : 탈거 – 장착 참조**).

❏ **구성부품 서포트** (10A, 엔진 및 실린더 블록 어셈블리 , **엔진 서포트 장비 : 사용 참조**) 에서 엔진을 탈거한다 .

❏ 엔진에 변속기를 결합한다 (**자동변속기 : 탈거 – 장착 침조**).

❏ 엔진 – 변속기 어셈블리를 장착한다 (**엔진 – 변속기 어셈블리 : 탈거 – 장착 참조**).

❏ 엔진 오일을 주입한다 (**엔진 오일 – 오일 필터 : 배출 – 주입** 참주)

엔진 및 실린더 블록 어셈블리
피스톤 – 커넥팅 로드 : 점검

10A

J87/K9K

필요 장비
압축 공기 노즐
외부 마이크로미터
내장 마이크로미터
필러 게이지 세트
다이얼 게이지 서포트
다이얼 게이지
회전방향 움직임 측정 테이프

I – 점검 준비 작업

경고

수리 작업 전 시스템 손상의 우려가 있는 모든 위험을 방지하기 위해 안전 , 청결 지침 및 작업에 대한 가이드라인을 확인한다 (10A, 엔진 및 실린더 블록 어셈블리 , 엔진 : 사전 주의사항 참조).

주의

엔진 오일 팬에는 어떠한 힘도 가하면 안 된다 . 엔진 오일 팬이 변형되면 엔진에 다음과 같이 영구적인 손상이 발생할 수 있다 :

– 오일 스트레이너의 막힘 ,

– 오일 레벨이 최대 값을 넘어 엔진 공전 발생 .

엔진 – 변속기 어셈블리를 탈거한다 (**엔진 – 변속기 어셈블리 : 탈거 – 장착** 참조).

엔진에서 변속기를 분리한다 (**자동변속기 : 탈거 – 장착** 참조).

엔진을 구성부품 서포트 위에 위치시킨다 (10A, 엔진 및 실린더 블록 어셈블리 , 엔진 서포트 장비 : 사용 참조).

엔진 오일을 배출한다 (**엔진 오일 – 오일 필터 : 배출 – 주입** 참조).

커넥팅 로드 – 피스톤 어셈블리를 탈거한다 (10A, 엔진 및 실린더 블록 어셈블리 , 피스톤 – 커넥팅 로드 : 탈거 – 장착 참조).

점검에 필요한 경우 피스톤에서 커넥팅 로드를 분리한다 (10A, 엔진 및 실린더 블록 어셈블리 , 피스톤 – 커넥팅 로드 : 탈거 – 장착 참조).

점검에 필요한 경우 피스톤 링을 탈거한다 (10A, 엔진 및 실린더 블록 어셈블리 , 피스톤 – 커넥팅 로드 : 탈거 – 장착 참조).

점검 전 주의사항 :

– 파워 클리너 – 콘테이너 (차량 : 정비용 소모품 참조) 를 사용하여 부품을 청소하고 압축 공기 노즐을 사용하여 건조한다 ,

– 부품에 긁힘이나 충격 또는 비정상적인 마모의 흔적이 없는지 점검하고 필요한 경우 부품을 교환한다 .

II – 피스톤

1 – 피스톤 식별

a – 피스톤 표시

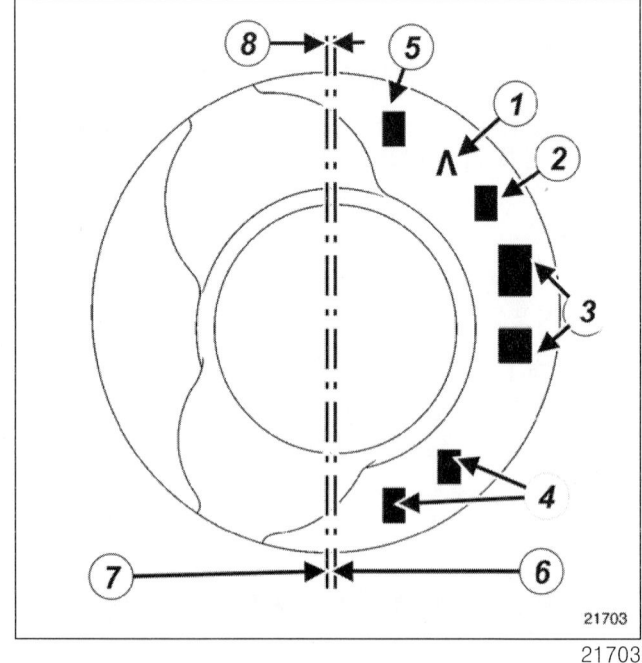

(1) 플라이휠을 향하는 피스톤 장착 방향 ∧ .

(2) 피스톤 핀과 피스톤 상부 사이의 높이에 해당하는 피스톤 핀 높이 그레이드 .

(3) 공급업체에서만 사용한다 .

(4) 공급업체에서만 사용한다 .

(5) 공급업체에서만 사용한다 .

(6) 피스톤 대칭 축 .

(7) 피스톤 핀 구멍 축 .

(8) 피스톤 핀 구멍과 피스톤 대칭 축 사이의 오프셋은 0.3 mm 이다 .

엔진 및 실린더 블록 어셈블리
피스톤 – 커넥팅 로드 : 점검

10A

J87/K9K

b – 피스톤 연소실 볼륨

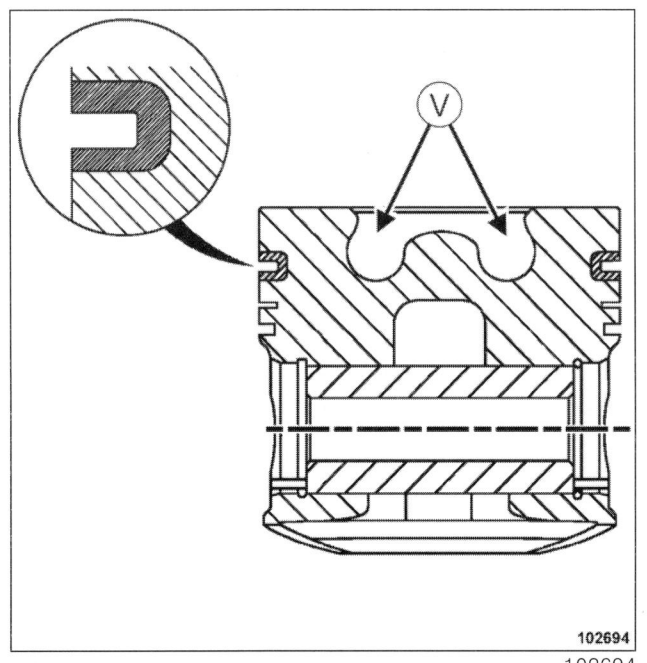

엔진 유형	피스톤 연소실 볼륨 (V)
K9K	16.42 ± 0.25cc

c – 피스톤 핀 높이 그레이드

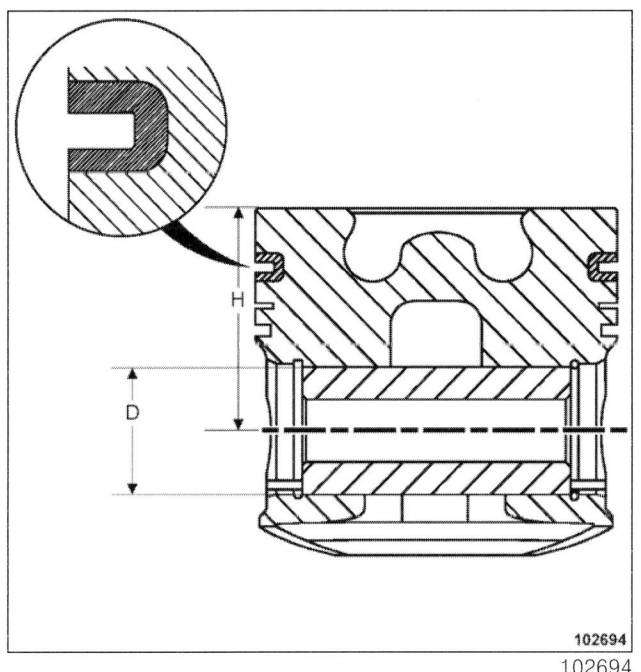

치수 (H) 는 피스톤 핀의 높이를 나타낸다 .

치수 (D) 는 피스톤 핀 직경을 나타낸다 .

엔진 및 실린더 블록 어셈블리
피스톤 – 커넥팅 로드 : 점검

10A

J87/K9K

엔진 유형	피스톤 핀 D 직경 = 25 mm		피스톤 핀 D 직경 = 26 mm	
	피스톤 그레이드	피스톤 핀 높이 (mm)	피스톤 그레이드	피스톤 핀 높이 (mm)
K9K	–	–	J	41.605 ~ 41.646
	–	–	K*	41.647 ~ 41.688
	–	–	L*	41.689 ~ 41.730
	–	–	M*	41.731 ~ 41.772
	–	–	N	41.773 ~ 41.814

참고 :

* = 부품 부서에서 판매한 피스톤 .

주의

세 가지 그레이드의 피스톤 K, L, M 만 제공한다 :

– 엔진에 그레이드 J 피스톤이 장착되어 있는 경우 그레이드 K 피스톤으로 교환한다 ,

– 엔진에 그레이드 N 피스톤이 장착되어 있는 경우 그레이드 M 피스톤으로 교환한다 .

엔진 및 실린더 블록 어셈블리
피스톤 - 커넥팅 로드 : 점검

10A

J87/K9K

2 - 피스톤 점검

a - 피스톤 직경 점검

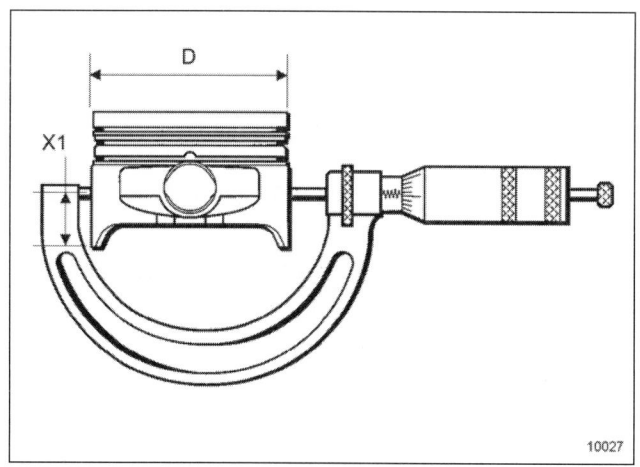

외부 마이크로미터를 사용하여 치수 (X1) = 56 mm 위치에서 직경 (D) 을 측정한다.

엔진 유형	피스톤 직경 (mm)
K9K	75.938 ~ 75.952

b - 피스톤 핀 점검

점검하기 전에 핀이 피스톤에서 부드럽게 작동되는지 점검한다.

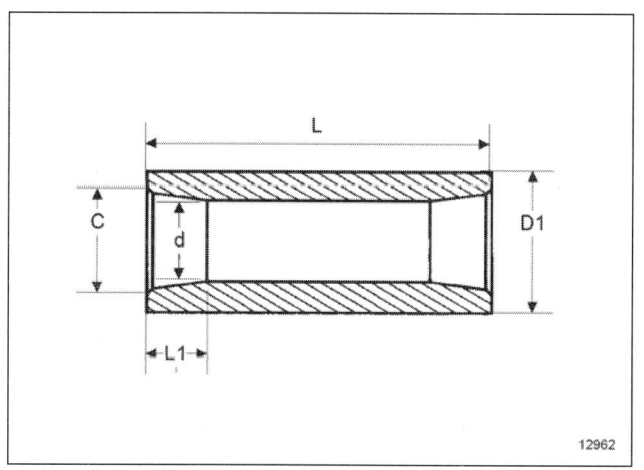

외부 마이크로미터 또는 내장 마이크로미터를 사용하여 다음을 측정한다 :

	피스톤 핀 치수 (mm)	엔진 유형
길이 (L)	57.97 ~ 60.00	K9K
외경 (D1)	25.995 ~ 26.000	
내경 (d)	13.3 ~ 13.6	
모따기 직경 (C)	19.75 ~ 20.25	
모따기 길이 (L1)	6	

c - 피스톤 링 두께 점검

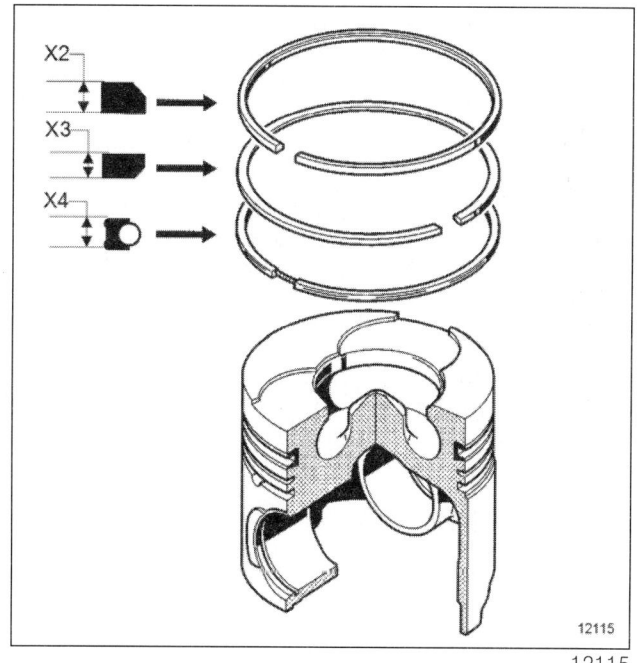

외부 마이크로미터를 사용하여 피스톤 링 두께를 측정한다 :

피스톤 링	두께 (mm)
압축 링	X2 = 1.97 ~ 1.99
씰링 링	X3 = 1.97 ~ 1.99
오일 링	X4 = 2.47 ~ 2.49

참고 :
피스톤 링 교환 시 항상 피스톤 링 3개를 교환한다.

엔진 및 실린더 블록 어셈블리
피스톤 – 커넥팅 로드 : 점검

10A

J87/K9K

d – 피스톤 그루브와 피스톤 링 간의 간극 점검

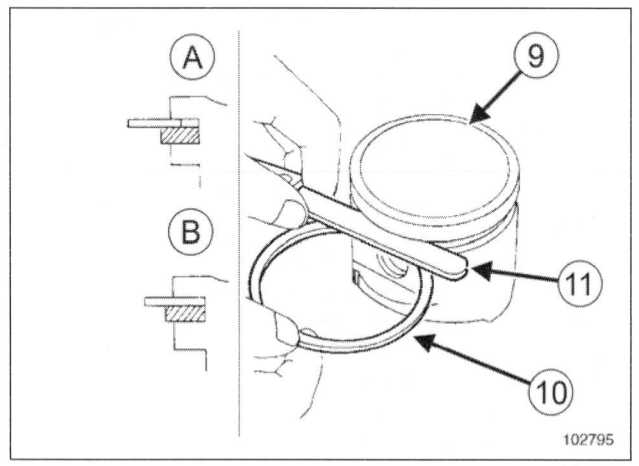

(A) 잘못된 위치의 필러 게이지
(B) 올바른 위치의 필러 게이지

필러 게이지 세트 (11) 를 사용하여 피스톤 그루브 (9) 및 링 (10) 사이의 간극을 측정한다 (120° 간격으로 3 개 지점에서 측정) :

피스톤 링	간극 (mm)
압축 링	0.10 ~ 0.12
씰링 링	0.08 ~ 0.10
오일 링	0.03 ~ 0.07

간극 값이 허용 공차 값을 벗어나는 경우《피스톤 – 피스톤 핀》어셈블리 또는 피스톤 링을 교환한다 .

e – 링 섹션의 유격 점검

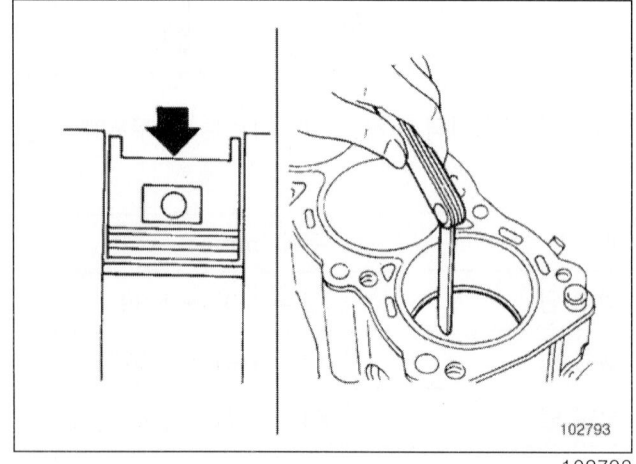

점검할 피스톤 링을 실린더에 위치시킨다 .
피스톤을 사용하여 링을 실린더 중앙으로 민다 .

필러 게이지 세트를 사용하여 링 엔드 간극을 측정한다 :

피스톤 링	간극 (mm)
압축 링	0.20 ~ 0 35
씰링 링	0.70 ~ 0.90
오일 링	0.25 ~ 0.50

간극이 공차 내에 있지 않는 경우 피스톤 링을 교환한다 .

피스톤 링을 교환한 후에도 간극 값이 허용 공차 값을 벗어나는 경우 실린더 블록을 교환한다 .

III – 커넥팅 로드

1 – 커넥팅 로드 유형

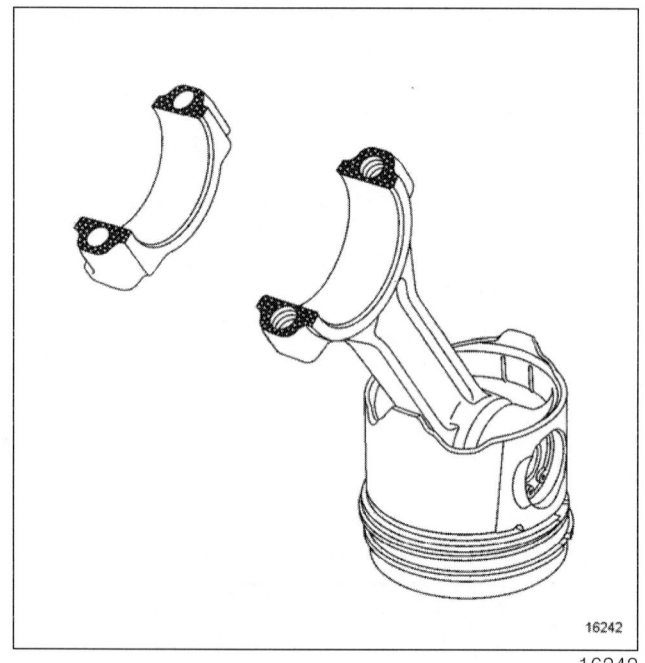

커넥팅 로드는 " 분할 " 유형이다 .

참고 :
커넥팅 로드 소단부 부시는 교환할 수 없다 .

커넥팅 로드의 소단부와 대단부 간 거리는 133.75 mm 여야 한다 .

엔진 및 실린더 블록 어셈블리
피스톤 – 커넥팅 로드 : 점검

10A

J87/K9K

2 – 커넥팅 로드 표시 시 주의사항

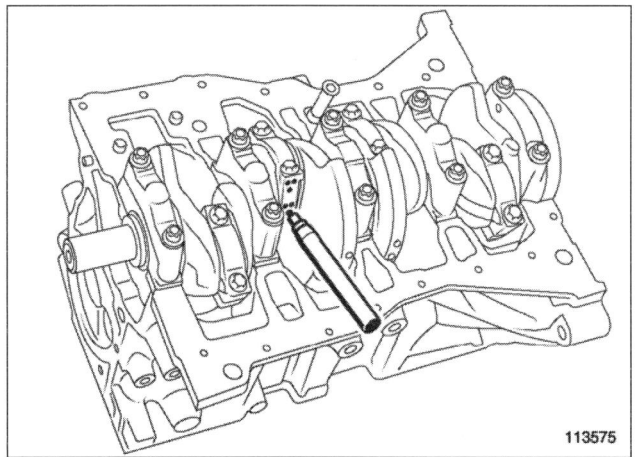

주의

커넥팅 로드의 초기 파손을 방지하려면, 바디와 일치하도록 커넥팅 로드 캡 위치를 표시할 때 펀치나 에칭 공구를 사용하지 않는다.

유성 마커 펜을 사용한다.

참고 :

각 커넥팅 로드에는 자체 커넥팅 로드 캡이 있으며 교환하거나 거꾸로 장착해서는 안 된다.

그러나 재설치가 쉽도록 표시해 두는 것이 좋다.

3 – 《커넥팅 로드 – 피스톤 – 핀》어셈블리의 무게 차이

《커넥팅 로드 – 피스톤 – 핀》어셈블리 간의 최대 무게 차이는 25g 이다.

4 – 커넥팅 로드 점검

a – 대단부 직경 점검

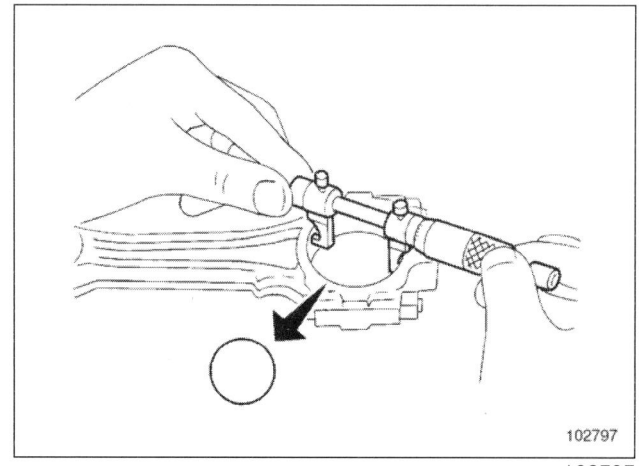

다음을 장착한다 (10A, 엔진 및 실린더 블록 어셈블리, 피스톤 – 커넥팅 로드 : 탈거 – 장착 참조):

- 대단부 캡,
- 대단부 캡 볼트.

내장 마이크로미터 또는 슬라이딩 캘리퍼를 사용하여 베어링이 장착되지 않은 상태로 각 커넥팅 로드의 대단부 직경을 측정한다.

대단부 직경은 **47.61 ~ 47.63 mm** 사이여야 한다.

b – 커넥팅 로드 소단부 직경 점검

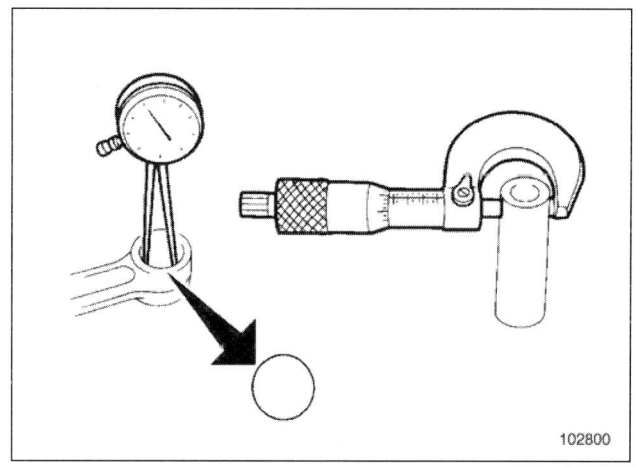

내장 마이크로미터 또는 슬라이딩 캘리퍼를 사용하여 링이 장착된 상태로 모든 커넥팅 로드의 소단부 직경을 측정한다.

소단부 직경은 다음과 같아야 한다 :

엔진 및 실린더 블록 어셈블리
피스톤 – 커넥팅 로드 : 점검

10A

J87/K9K

	커넥팅 로드 치수 (mm)	엔진 유형
소단부 직경 (링 있음)	26.019 ± 0.006	K9K

참고 :

대단부 링 교환은 허용되지 않는다 .

5 - 대단부 사이드 유격 점검

커넥팅 로드 – 피스톤 어셈블리를 장착한다 (10A, 엔진 및 실린더 블록 어셈블리 , 피스톤 – 커넥팅 로드 : 탈거 – 장착 참조).

점검할 실린더의《피스톤 – 커넥팅 로드》어셈블리를 BDC 위치로 설정한다 .

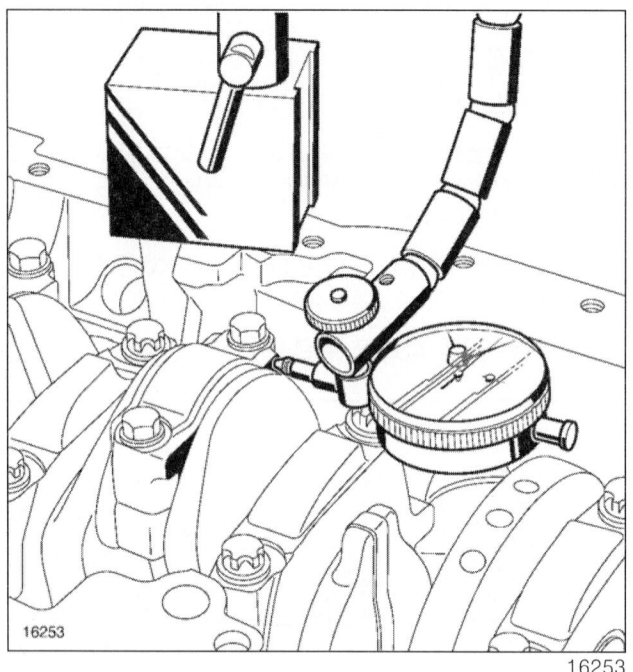

다음을 장착한다 :

- 실린더 블록의 오일 팬 접촉면에 **다이얼 게이지 서포트** ,
- 대단부 캡의 가공된 평평한 표면에 닿도록 **다이얼 게이지 서포트에 다이얼 게이지** .

과도한 힘을 가하지 않으면서 커넥팅 로드를 수동으로 한 스토퍼에서 다른 스토퍼로 이동한다 .

커넥팅 로드의 사이드 유격 값을 기록한다 .

대단부의 사이드 유격은 0.20 ~ 0.47 mm 사이여야 한다 .

각 대단부 캡에 대해 이 작업을 반복한다 .

6 - 대단부 반경 방향 유격 점검

크랭크샤프트 핀과 커넥팅 로드 캡 및 바디의 베어링에 묻은 오일을 깨끗하게 닦는다 .

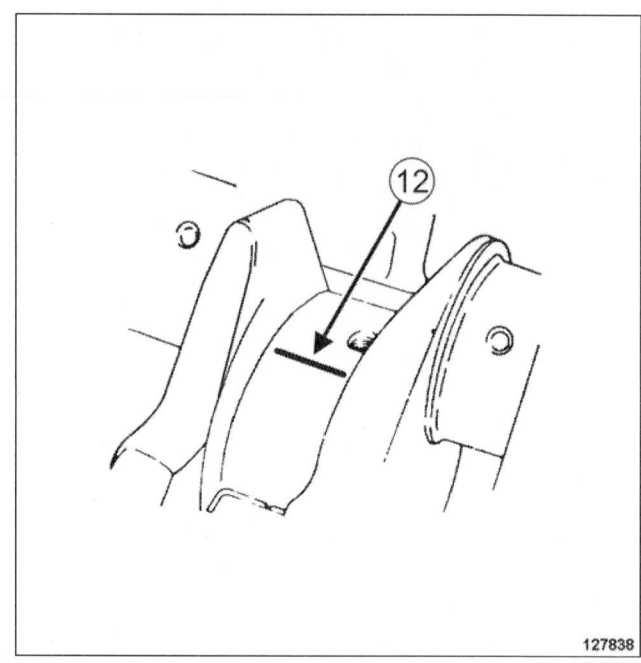

회전방향 움직임 측정 테이프 피스를 절단한다 .

와이어 (12) 를 크랭크샤프트 핀 저널 축 방향으로 삽입한다 (베어링 윤활 홀 제외).

참고 :

다음 단계 도중 커넥팅 로드나 크랭크샤프트를 회전시키지 않는다 .

커넥팅 로드 – 피스톤 어셈블리를 장착한다 (10A, 엔진 및 실린더 블록 어셈블리 , 피스톤 – 커넥팅 로드 : 탈거 – 장착 참조).

커넥팅 로드 – 피스톤 어셈블리를 탈거한다 (10A, 엔진 및 실린더 블록 어셈블리 , 피스톤 – 커넥팅 로드 : 탈거 – 장착 참조).

엔진 및 실린더 블록 어셈블리
피스톤 – 커넥팅 로드 : 점검

10A

J87/K9K

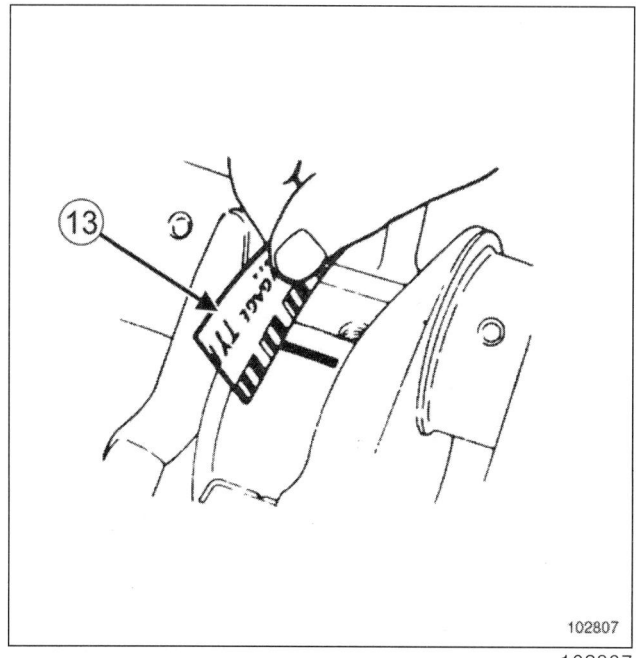

와이어 포장지 (13) 에 인쇄된 게이지를 사용하여 와이어의 편평 유격을 측정한다.

간극 값은 다음 사이여야 한다 :

0.016 ~ 0.070 mm.

크랭크샤프트와 베어링에 있는 측정 와이어의 나머지 부품을 전부 제거한다.

IV – 최종 작업

피스톤 링을 장착한다 (탈거한 경우) (10A, 엔진 및 실린더 블록 어셈블리 , 피스톤 – 커넥팅 로드 : 탈거 – 장착 참조).

커넥팅 로드 및 피스톤을 조립한다(분리한 경우) (10A, 엔진 및 실린더 블록 어셈블리 , 피스톤 – 커넥팅 로드 : 딜거 – 장착 참조).

커넥팅 로드 – 피스톤 어셈블리를 장착한다 (10A, 엔진 및 실린더 블록 어셈블리 , 피스톤 – 커넥팅 로드 : 탈거 – 장착 참조).

구성부품 서포트에서 엔진을 탈거한다 (10A, 엔진 및 실린더 블록 어셈블리 , 엔진 서포트 장비 : 사용 참조).

엔진에 변속기를 연결한다 (**자동변속기 : 탈거 – 장착** 참조).

엔진 – 변속기 어셈블리를 장착한다 (**엔진 – 변속기 어셈블리 : 탈거 – 장착** 참조).

엔진 및 실린더 블록 어셈블리
크랭크샤프트 : 탈거 – 장착

10A

J87/K9K

특수 공구	
RSM 9248	플라이휠 록킹 공구

필요 장비
압축 공기 노즐
구성부품 서포트

규정 토크	
크랭크샤프트 베어링 캡 볼트	25 N.m + 47° ± 6°
커넥팅 로드 캡 볼트	25 N.m + 110° ± 6°
크로져 패널 볼트	14 N.m

주의
탈거한 부품과 관련된 안전은 고객이 관리해야 한다. 탈거 및 장착 시 이 절차에서 설명하는 안전 지침을 준수해야 한다.

경고
수리 작업 전 시스템 손상의 우려가 있는 모든 위험을 방지하기 위해 안전, 청결 지침 및 작업에 대한 가이드라인을 확인한다 (10A, 엔진 및 실린더 블록 어셈블리, 엔진 : 사전 주의사항 참조).

주의
엔진 오일 팬에는 어떠한 힘도 가하면 안 된다. 엔진 오일 팬이 변형되면 엔진에 다음과 같이 영구적인 손상이 발생할 수 있다 :
- 오일 스트레이너의 막힘,
- 오일 레벨이 최대 값을 넘어 엔진 공전 발생.

탈거

I - 탈거 준비 작업

- 《엔진 – 변속기 어셈블리》를 탈거한다 (엔진 – 변속기 어셈블리 : 탈거 – 장착 참조).
- 엔진에서 변속기를 분리한다 (자동변속기 : 탈거 – 장착 참조).
- 엔진을 구성부품 서포트 위에 위치시킨다 (10A, 엔진 및 실린더 블록 어셈블리, 엔진 서포트 장비 : 사용 참조).
- 엔진 오일을 배출한다 (엔진 오일 – 오일 필터 : 배출 – 주입 참조).
- 드라이브 벨트를 탈거한다 (드라이브 벨트 – 크랭크샤프트 풀리 : 탈거 – 장착 참조).
- 플라이휠 록킹 공구 (RSM 9248) (1) 를 장착한다.
- 다음을 탈거한다 :
  - 크랭크샤프트 풀리 (드라이브 벨트 – 크랭크샤프트 풀리 : 탈거 – 장착 참조),
  - 클러치 디스크 및 압력 플레이트 (클러치 : 탈거 – 장착 참조),
  - 플라이휠 (플라이휠 : 탈거 – 장착 참조),
  - 플라이휠 록킹 공구 (RSM 9248),
  - 타이밍 벨트 (타이밍 벨트 : 탈거 – 장착 참조).

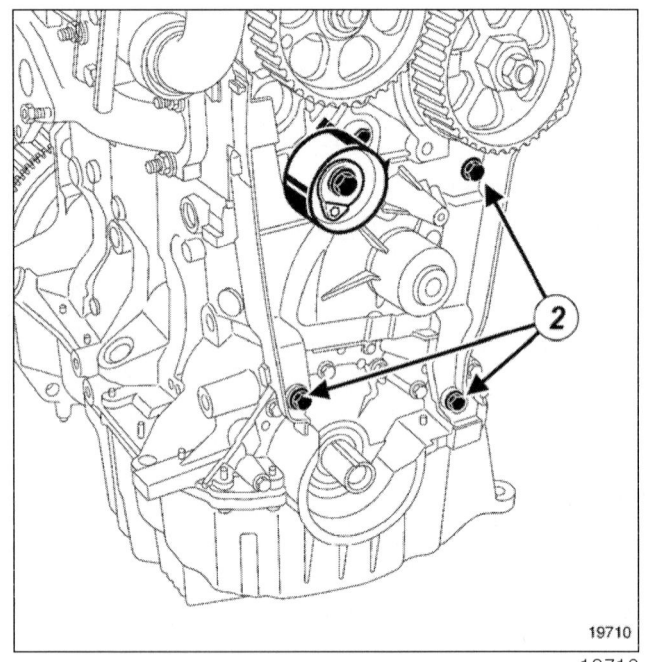

- 다음을 탈거한다 :
  - 타이밍 벨트 텐셔너,
  - 내부 타이밍 커버 볼트 (2),
  - 내부 타이밍 커버,
  - 알터네이터 (알터네이터 : 탈거 – 장착 참조),
  - 에어 컨디셔닝 컴프레서 (컴프레서 : 탈거 – 장착 참조),
  - 멀티펑션 서포터 (멀티펑션 서포트 : 탈거 – 장착 참조),
  - 리어 오일 씰 (리어 오일 씰 : 탈거 – 장착 참조),
  - 오일 팬 (로어 커버 : 탈거 – 장착 참조),

엔진 및 실린더 블록 어셈블리
크랭크샤프트 : 탈거 – 장착

10A

J87/K9K

- 오일 펌프 및 오일 비산 플레이트 (**오일 펌프 : 탈거 – 장착** 참조),
- 크랭크샤프트 타이밍 스프로켓,
- 프론트 오일 씰 (**프론트 오일 씰 : 탈거 – 장착** 참조).

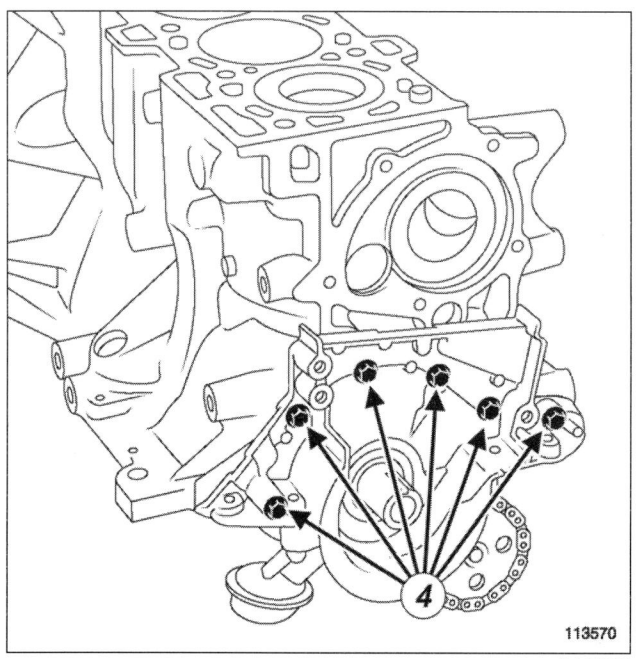

❏ 다음을 탈거한다 :
  - 크랭크샤프트 크로져 패널 볼트 (4),
  - 크랭크샤프트 크로져 패널 .

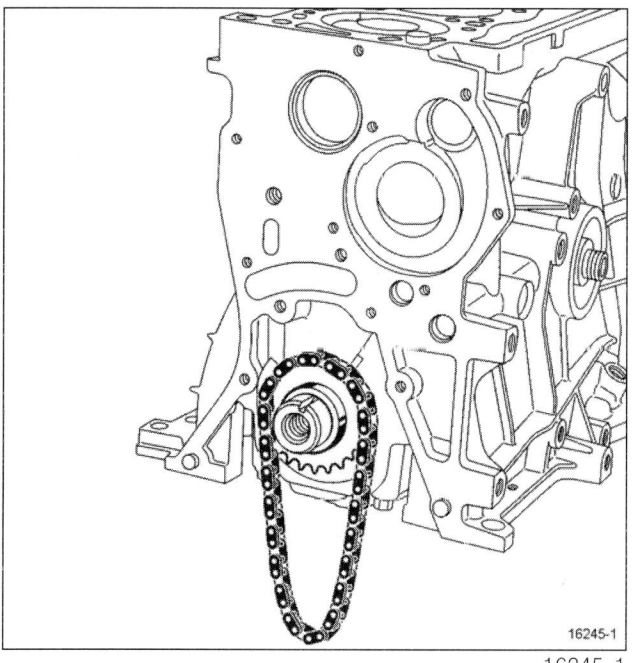

❏ 다음을 탈거한다 :
  - 오일 펌프 드라이브 체인 ,
  - 오일 펌프 드라이브 체인의 크랭크샤프트 스프로켓 .

II – 크랭크샤프트 탈거 작업

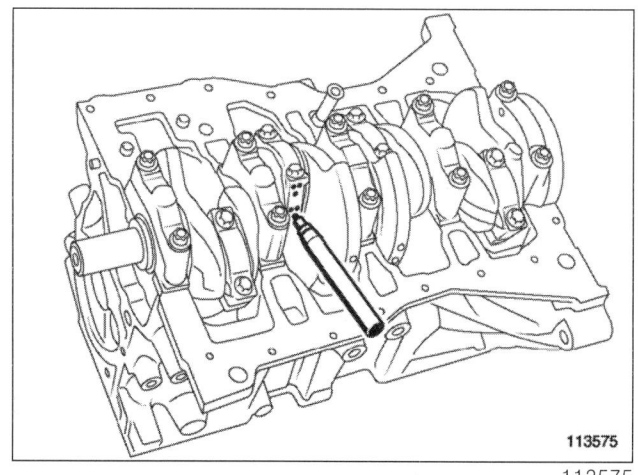

❏ 유성 마커 펜을 사용하여 바디와 실린더를 기준으로 커넥팅 로드 캡 위치를 표시한다 .

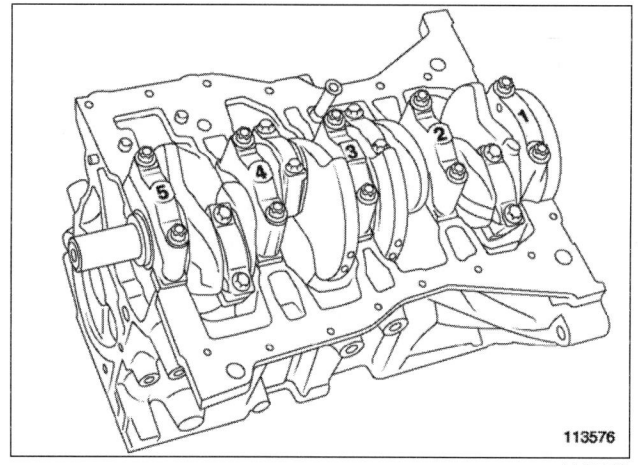

❏ 유성 마커 펜을 사용하여 크랭크샤프트 베어링 캡 위치를 표시한다 (플라이휠 엔드가 1 번 베어링).

엔진 및 실린더 블록 어셈블리
크랭크샤프트 : 탈거 - 장착

10A

J87/K9K

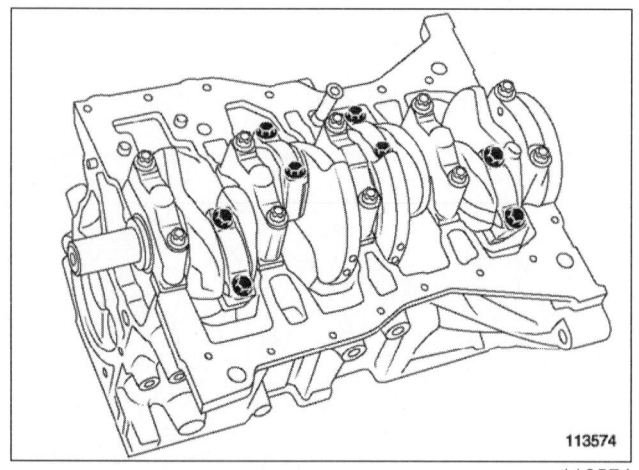

❏ 다음을 탈거한다 :
- 커넥팅 로드 캡 볼트 ,
- 커넥팅 로드 캡 .

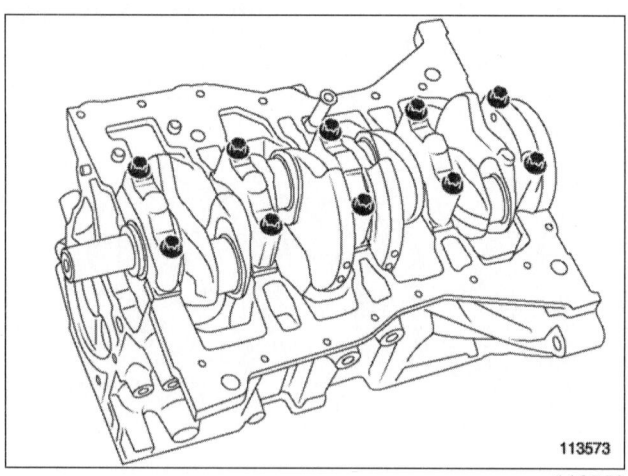

❏ 다음을 탈거한다 :
- 크랭크샤프트 베어링 캡 볼트 ,
- 크랭크샤프트 베어링 캡 .

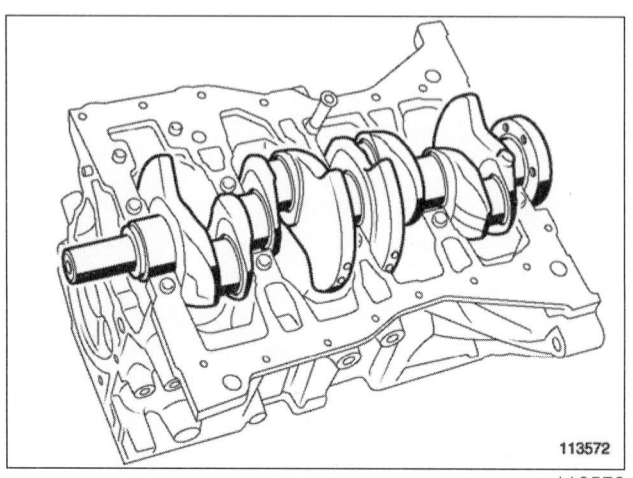

❏ 다음을 탈거한다 :
- 크랭크샤프트 ,
- 크랭크샤프트 스러스트 워셔 .

> **참고 :**
> 유성 마커 펜을 사용하여 크랭크샤프트 베어링 번호를 기준으로 각 크랭크샤프트 베어링 위치를 항상 표시한다 .

❏ 크랭크샤프트 베어링을 탈거한다 .

장착

I - 장착 준비 작업

❏ 항상 교환해야 하는 부품 :
- 커넥팅 로드 캡 볼트 ,
- 크랭크샤프트 베어링 캡 볼트 ,
- 모든 커넥팅 로드 베어링 .

1 - 부품 청소

❏

> **참고 :**
> 다음에 충격을 주거나 지지대로 사용하지 않도록 한다 :
> - 크랭크샤프트 또는 실린더 블록의 씰 및 베어링 접촉면 ,
> - 크랭크샤프트 베어링 캡의 접촉면 .

❏ 클리너로 다음을 청소한다 (차량 : 정비용 소모품 참조):
- 크랭크샤프트 ,
- 크랭크샤프트 베어링 캡 ,
- 실린더 블록측 크랭크샤프트 저널 베어링 접촉면 ,
- 실린더 블록측 크랭크샤프트 베어링 캡 접촉면 .

> **경고**
> 작업 중에는 측면 프로텍터가 있는 보호 안경을 착용한다 .

❏ 압축 공기 노즐을 사용하여 부품을 건조시킨다 .

❏ 크랭크샤프트를 점검한다 (10A, 엔진 및 실린더 블록 어셈블리 , 크랭크샤프트 : 점검 참조).

엔진 및 실린더 블록 어셈블리
크랭크샤프트 : 탈거 – 장착

10A

J87/K9K

2 - 크랭크샤프트 교환 시 장착을 위한 준비

- 크랭크샤프트 또는 크랭크샤프트 베어링을 교환하는 경우, 크랭크샤프트를 장착하기 전에 각 크랭크샤프트 베어링에 장착할 베어링의 두께 그레이드를 확인하여 저널 간극이 공차 내에 있는지 항상 확인한다 (10A, 엔진 및 실린더 블록 어셈블리, 크랭크샤프트 : 점검 참조).

> 참고 :
> 크랭크샤프트 저널의 간극이 공차 범위를 벗어나면 엔진이 손상될 수 있다.

II - 크랭크샤프트 장착 작업

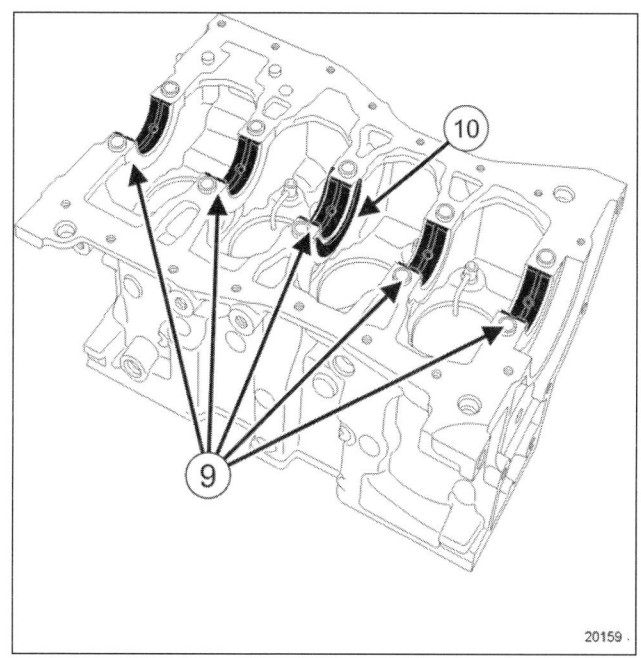

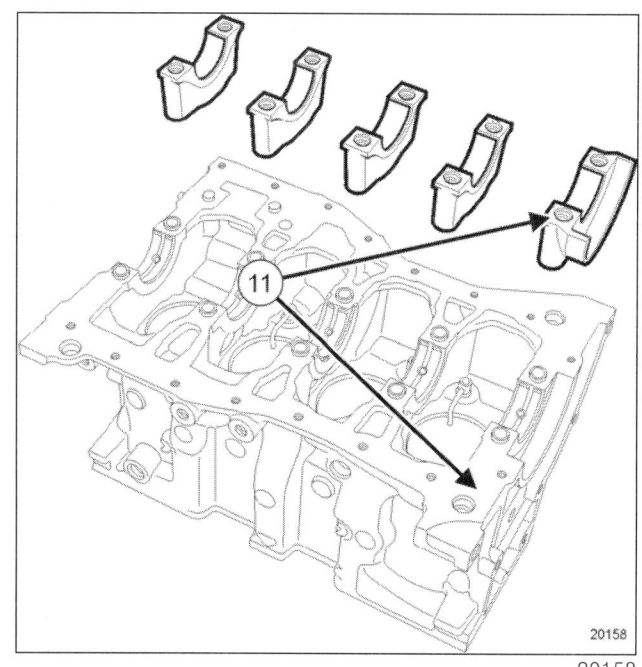

- 클리너를 사용하여 실린더 블록과 크랭크샤프트 1번 베어링 캡의 접촉면 (11) 에서 그리스를 제거한다 (**차량 : 정비용 소모품** 참조).

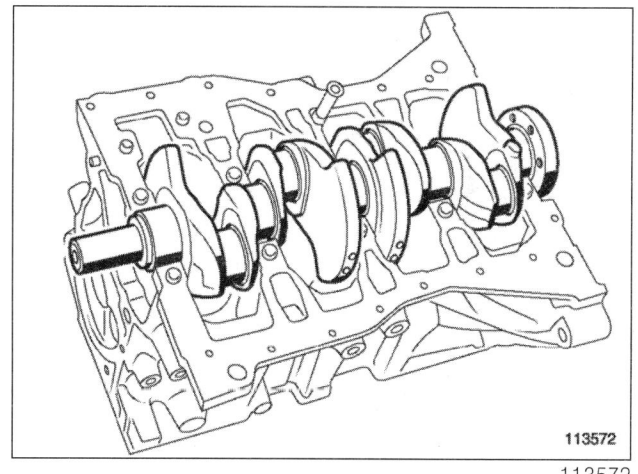

- 크랭크샤프트 베어링 (9) 을 장착한다.
- 크랭크샤프트 스러스트 워셔 (10) 를 워셔의 홈이 크랭크샤프트 쪽에 위치하도록 장착한다.
- 크랭크샤프트 베어링에 엔진 오일을 도포한다 (크랭크샤프트와 접촉하는 베어링 측면에만 해당).

- 크랭크샤프트를 장착한다.

엔진 및 실린더 블록 어셈블리
크랭크샤프트 : 탈거 – 장착

10A

J87/K9K

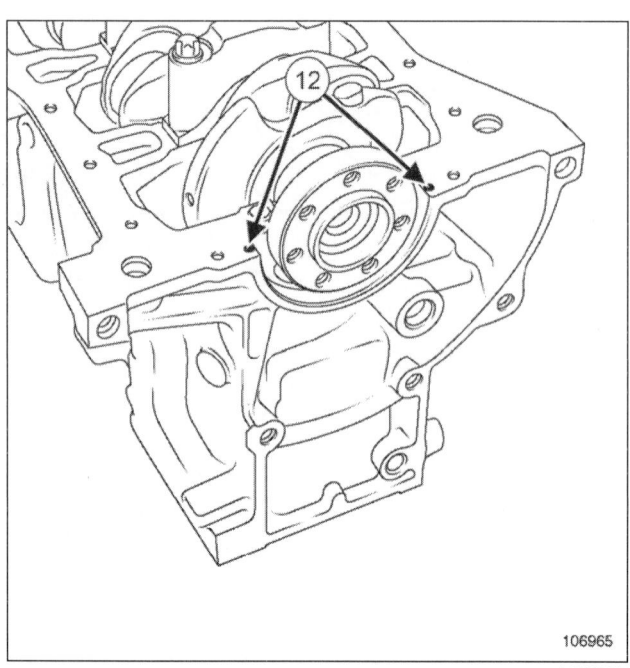

106965

❏ 직경 4 mm 의 수지 접착제 (차량 : 정비용 소모품 참조) 두 방울을 (12) 에 있는 크랭크샤프트 1 번 베어링에 바른다 .

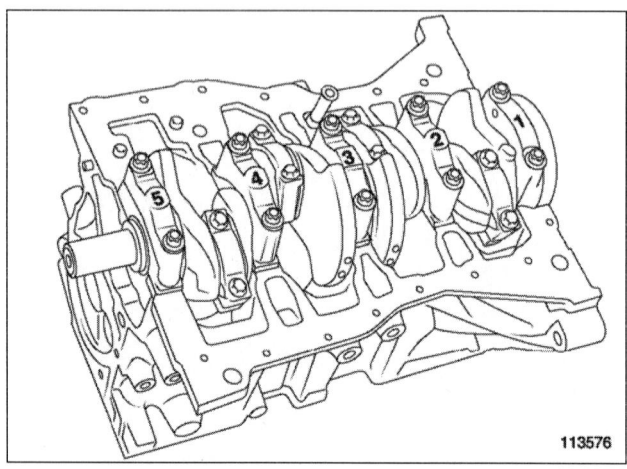

113576

❏ 위치가 올바른지 확인하면서 크랭크샤프트 베어링 캡을 장착한다 .

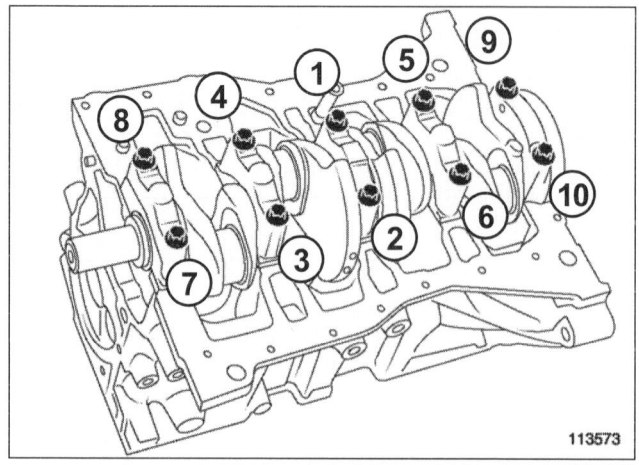

113573

❏ 신품 크랭크샤프트 베어링 캡 볼트를 장착한다 .

❏ 크랭크샤프트 베어링 캡 볼트를 규정 토크 및 각도 (25 N.m + 47° ± 6°) 로 순서대로 조인다 .

❏ 크랭크샤프트가 아무런 저항 없이 자유롭게 회전하는지 점검한다 .

❏ 크랭크샤프트 핀에 엔진 오일을 바른다 .

❏ 크랭크샤프트 핀에 커넥팅 로드 헤드를 장착한다 .

❏ 모든 커넥팅 로드 베어링을 교환한다 (10A, 엔진 및 실린더 블록 어셈블리 , 피스톤 – 커넥팅 로드 : 탈거 – 장착 참조).

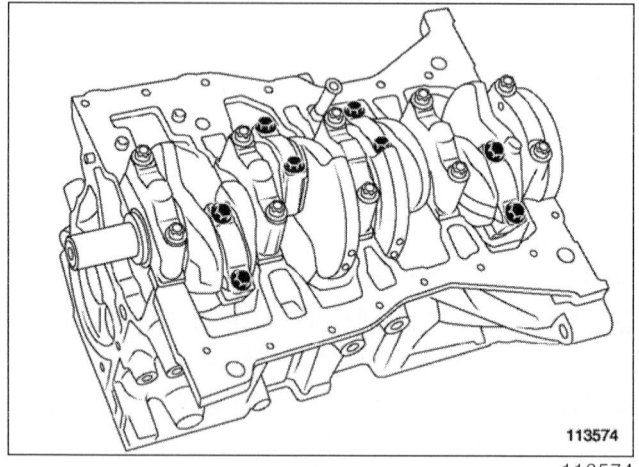

113574

❏ 다음을 장착한다 :

– 일치하는지 확인하면서 커넥팅 로드 캡 ,

– 신품 커넥팅 로드 캡 볼트 .

❏ 커넥팅 로드 캡 볼트를 규정 토크 및 각도 (25 N.m + 110° ± 6°) 로 조인다 .

엔진 및 실린더 블록 어셈블리
크랭크샤프트 : 탈거 - 장착

10A

J87/K9K

III - 최종 작업

❏ 다음을 장착한다 :
- 오일 펌프 드라이브 스프로켓 ,
- 오일 펌프 드라이브 체인 ,
- 신품 씰이 장착된 크랭크샤프트 크로져 패널 ,
- 크랭크샤프트 크로져 패널 볼트 .

❏ **크랭크샤프트 크로져 패널 볼트를 규정 토크 (14 N.m) 로 조인다 .**

❏ 다음을 장착한다 :
- 프론트 오일 씰 (**프론트 오일 씰 : 탈거 - 장착** 참조),
- 타이밍 스프로켓 ,
- 오일 펌프 및 오일 비산 플레이트 (**오일 펌프 : 탈거 - 장착** 참조),
- 오일 팬 (**로어 커버 : 탈거 - 장착** 참조),
- 변속기 사이드 크랭크샤프트 씰 (**리어 오일 씰 : 탈거 - 장착** 참조),
- 멀티펑션 서포터 (**멀티펑션 서포트 : 탈거 - 장착** 참조),
- 타이밍 벨트 텐셔너 ,
- 내부 타이밍 커버 ,
- 내부 타이밍 커버 볼트 ,
- 타이밍 벨트 (**타이밍 벨트 : 탈거 - 장착** 참조),
- 플라이휠 (**플라이휠 : 탈거 - 장착** 참조),
- 클러치 디스크 및 압력 플레이트 (**클러치 : 탈거 - 장착** 참조).

❏ 특수 공구 (RSM 9248) 을 사용하여 플라이휠을 잠근다 .

❏ 크랭크샤프드 풀리를 장착한다 (**드라이브 벨트 - 크랭크샤프트 풀리 : 탈거 - 장착** 참조).

❏ 특수 공구 (RSM 9248) 를 탈거한다 .

❏ 드라이브 벨트를 장착한다 (**드라이브 벨트 - 크랭크샤프트 풀리 : 탈거 - 장착** 참조).

❏ **구성부품 서포트** (10A, 엔진 및 실린더 블록 어셈블리 , 엔진 서포트 장비 : 사용 참조) 에서 엔진을 탈거한다 .

❏ 엔진에 변속기를 결합한다 (**자동변속기 : 탈거 - 장착** 참조).

❏ 엔진 - 변속기 어셈블리를 장착한다 (**엔진 - 변속기 어셈블리 : 탈거 - 장착** 참조).

❏ 엔진 오일을 주입한다 (**엔진 오일 - 오일 필터 : 배출 - 주입** 참조).

엔진 및 실린더 블록 어셈블리
크랭크샤프트 : 점검

10A

J87/K9K

필요 장비
압축 공기 노즐
외부 마이크로미터
다이얼 게이지 서포트
다이얼 게이지
회전방향 움직임 측정 테이프

I - 점검 준비 작업

경고
수리 작업 전 시스템 손상의 우려가 있는 모든 위험을 방지하기 위해 안전, 청결 지침 및 작업에 대한 가이드라인을 확인한다 (10A, 엔진 및 실린더 블록 어셈블리, 엔진 : 사전 주의사항 참조).

주의
엔진 오일 팬에는 어떠한 힘도 가하면 안 된다. 엔진 오일 팬이 변형되면 엔진에 다음과 같이 영구적인 손상이 발생할 수 있다 :
- 오일 스트레이너의 막힘,
- 오일 레벨이 최대 값을 넘어 엔진 공전 발생.

엔진 - 변속기 어셈블리를 탈거한다 (**엔진 - 변속기 어셈블리 : 탈거 - 장착** 참조).

엔진에서 변속기를 분리한다 (**자동변속기 : 탈거 - 장착** 참조).

엔진을 구성부품 서포트 위에 위치시킨다 (10A, 엔진 및 실린더 블록 어셈블리, 엔진 서포트 장비 : 사용 참조).

크랭크샤프트를 탈거한다 (10A, 엔진 및 실린더 블록 어셈블리, 크랭크샤프트 : 탈거 - 장착 참조).

점검 전 주의사항 :

- **파워 클리너 - 콘테이너** (**차량 : 정비용 소모품** 참조) 를 사용하여 부품을 청소하고 **압축 공기 노즐**을 사용하여 건조시킨다,
- 부품에 긁힘이나 충격 또는 비정상적인 마모의 흔적이 없는지 점검하고 필요한 경우 부품을 교환한다.

II - 크랭크샤프트 점검

1 - 크랭크샤프트 식별

표시 **1**

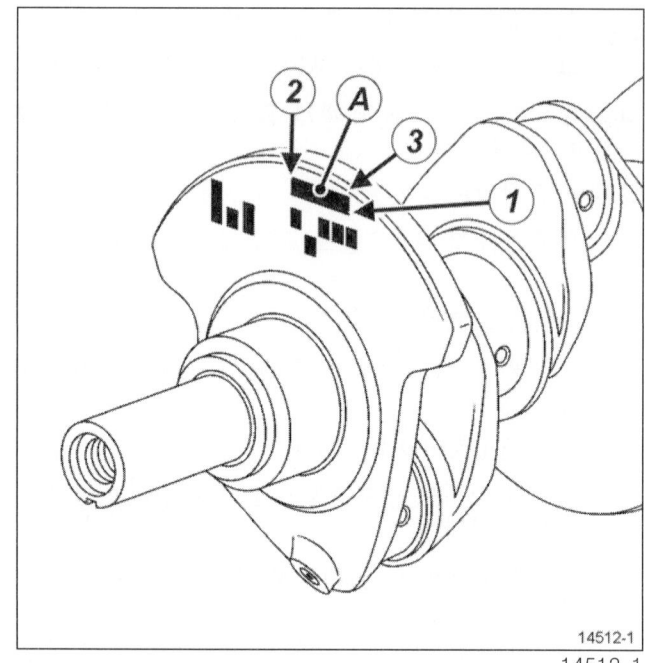

표시 **2**

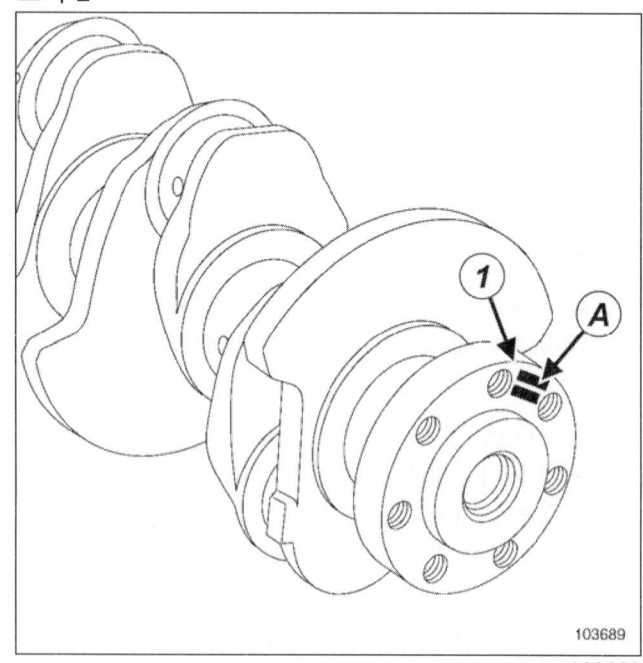

10A-62

엔진 및 실린더 블록 어셈블리
크랭크샤프트 : 점검

10A

J87/K9K

표시 "A" 세부 사항

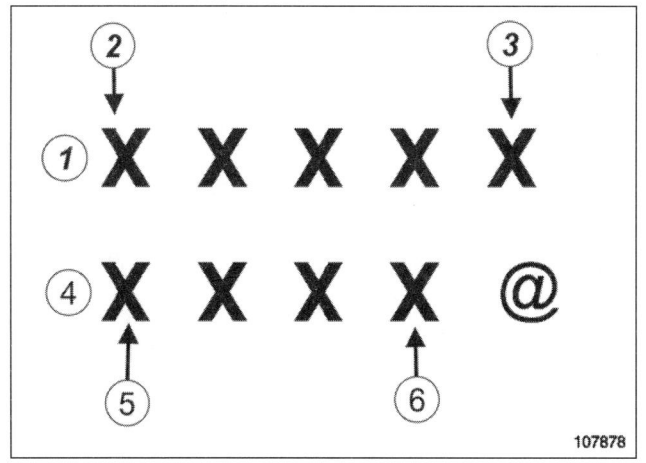

107878

(1) 저널의 직경 그레이드를 나타내는 줄,
(2) 1 번 저널의 직경 그레이드 (플라이휠 엔드),
(3) 5 번 저널의 직경 그레이드 (타이밍 엔드),
(4) 핀의 직경 그레이드를 나타내는 줄,
(5) 1 번 핀의 직경 그레이드 (플라이휠 엔드),
(6) 4 번 핀의 직경 그레이드 (타이밍 엔드),

2 - 저널 직경 그레이드

크랭크샤프트 저널 직경 그레이드 테이블

크랭크샤프트의 저널 그레이드 표시	저널 직경 그레이드 (mm)
A, G, K, R, W	D_1 = 47.990 ~ 47.997 미만
B, H, L, S, Y	D_2 = 47.997 이상 ~ 48.003 미만
C, J, O, T, Z	D_3 = 48.003 이상 ~ 48.010

3 - 크랭크샤프트 저널 점검

a - 크랭크샤프트 저널 직경 점검

저널 5 개가 있다.

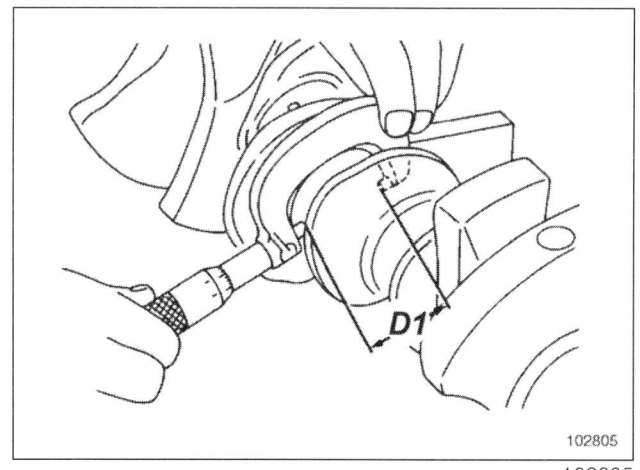

102805

외부 마이크로미터를 사용하여 점검할 크랭크샤프트 저널의 직경 (D_1) 을 접촉면 중앙에서 90° 간격으로 돌아가면서 측정한다. 측정 값은 47.990 ~ 48.010 mm 사이여야 한다.

측정 값과 크랭크샤프트에 표시된 직경 그레이드를 비교한다 (**크랭크샤프트 식별 및 크랭크샤프트 저널 직경 그레이드** 참조).

b - 크랭크샤프트 저널의 가로 방향 런아웃 및 테이퍼 점검

각 저널에서 저널 각 끝의 최대 직경과 최소 직경 간의 차이가 가로 방향 런아웃 및 테이퍼에 대한 공차 범위 내에 있는지 점검한다.

허용된 최대 가로 방향 런아웃은 **0.005 mm** 이다.

허용된 최대 테이퍼는 **0.006 mm** 이다.

c - 크랭크샤프트 저널의 동심도 점검

다음을 장착한다 :

- 바디 지그 벤치에 가볍게 오일을 도포한 V 블록 2 개,
- V 블록 2 개에 크랭크샤프트.

다음을 장착한다 :

- 바디 지그 벤치에 **다이얼 게이지 서포트**,
- **다이얼 게이지 서포트**에 **다이얼 게이지**.

다이얼 게이지의 필러를 점검할 크랭크샤프트 저널의 접촉면 중심에 위치시킨다.

다이얼 게이지를 0 으로 설정한다.

크랭크샤프트를 1 회 회전시킨 후 저널의 동심도를 측정한다. 측정 값은 **0.03 mm** 보다 크지 않아야 한다.

엔진 및 실린더 블록 어셈블리
크랭크샤프트 : 점검

10A

J87/K9K

4 - 크랭크샤프트 핀 점검

a - 크랭크샤프트 핀 저널 직경 점검

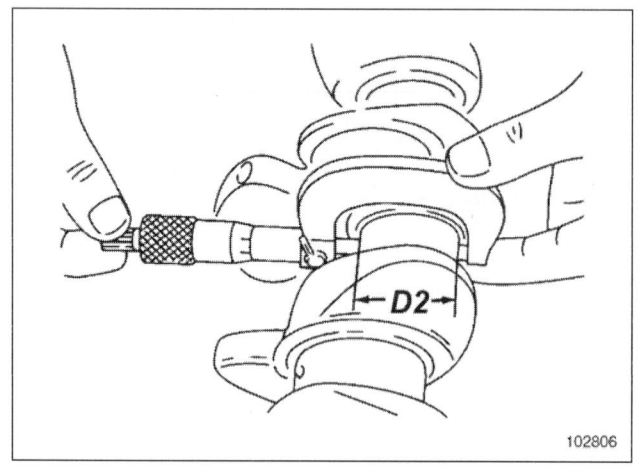

외부 마이크로미터를 사용하여 점검할 크랭크샤프트 핀의 직경 (D2) 을 접촉면 중앙에서 90° 간격으로 돌아가면서 측정한다. 측정 값은 43.96 ~ 43.98 mm 사이여야 한다.

b - 크랭크샤프트 핀의 가로 방향 런아웃 및 테이퍼 점검

각 핀에서 핀 각 끝의 최대 직경과 최소 직경 간의 차이가 가로 방향 런아웃 및 테이퍼에 대한 공차 범위 내에 있는지 점검한다.

허용된 최대 가로 방향 런아웃은 **0.005 mm** 이다.

허용된 최대 테이퍼는 **0.006 mm** 이다.

5 - 크랭크샤프트 플라이휠의 베어링 표면 변형 점검

> 참고 :
> 크랭크샤프트와 접촉하는 크랭크샤프트 베어링 면만 윤활한다.

다음을 장착한다 (10A, 엔진 및 실린더 블록 어셈블리, 크랭크샤프트 : 탈거 - 장착 참조):

- 실린더 블록측 크랭크샤프트 베어링,
- 베어링 캡측 베어링,
- 크랭크샤프트,
- 3 번 베어링에 크랭크샤프트 스러스트 워셔 (크랭크샤프트측 홈),
- 윤활된 베어링이 장착된 실린더 블록 베어링 캡,
- 기존 크랭크샤프트 베어링 볼트.

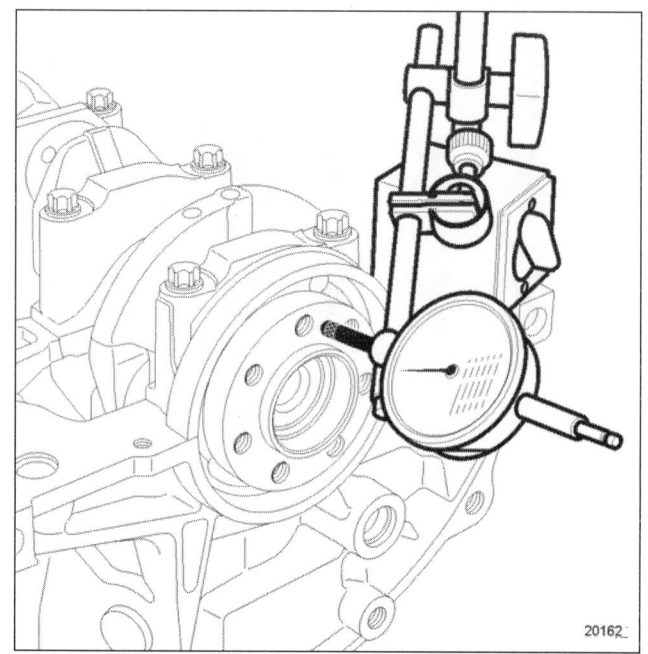

다음을 장착한다 :

- 플라이휠 베어링 표면측 실린더 블록에 다이얼 게이지 서포트,
- 플라이휠 볼트의 구멍을 피하여 플라이휠 베어링 표면과 접촉하도록 다이얼 게이지 서포트에 다이얼 게이지.

크랭크샤프트를 1 회 회전시킨 후 플라이휠 표면의 마운팅 플렌지를 측정한다. 측정 값은 **0.6 mm** 보다 크지 않아야 한다.

III - 크랭크샤프트 베어링 점검

1 - 저널 베어링 일치 여부

크랭크샤프트 저널 직경을 점검한 후 적절한 베어링 그레이드를 선택하여 사용한다 :

엔진 및 실린더 블록 어셈블리
크랭크샤프트 : 점검

10A

J87/K9K

실린더 블록 베어링 직경 그레이드	크랭크샤프트 저널 직경 그레이드		
	D1	D2	D3
1	C1 1.949 ~ 1.955 노란색	C2 1.946 ~ 1.952 파란색	C3 1.943 ~ 1.949 검정색
2	C4 1.953 ~ 1.959 빨강	C1 1.949 ~ 1.955 노란색	C2 1.946 ~ 1.952 파란색
	베어링 두께 및 그레이드		

2 - 저널 베어링 장착 방향

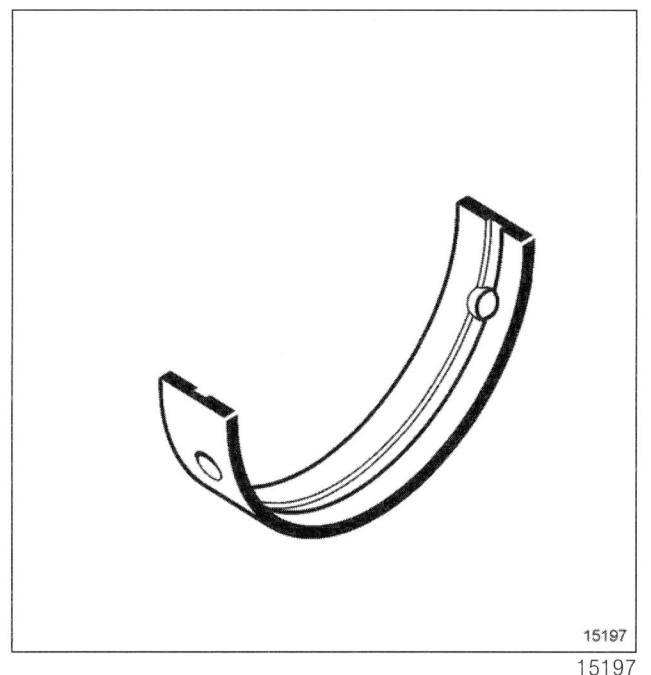

베어링에는 풀 프루프 장치가 없다.

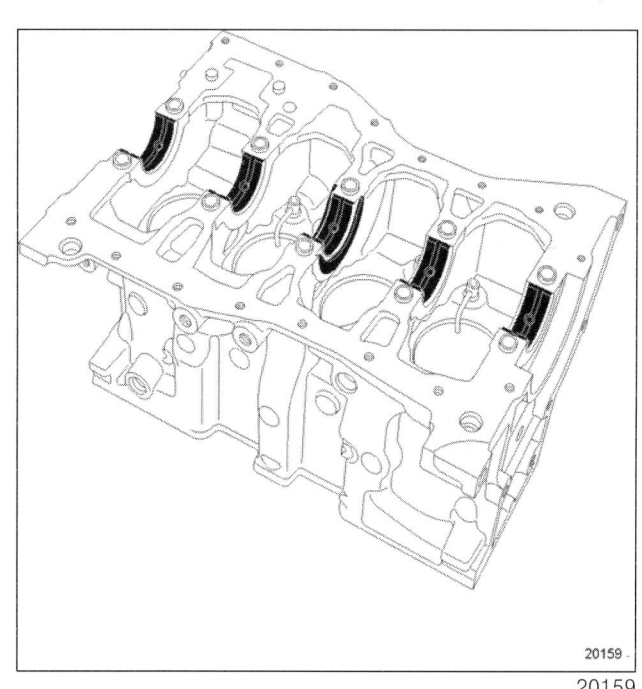

실린더 블록 베어링의 베어링에는 홈이 있다.

엔진 및 실린더 블록 어셈블리
크랭크샤프트 : 점검

10A

J87/K9K

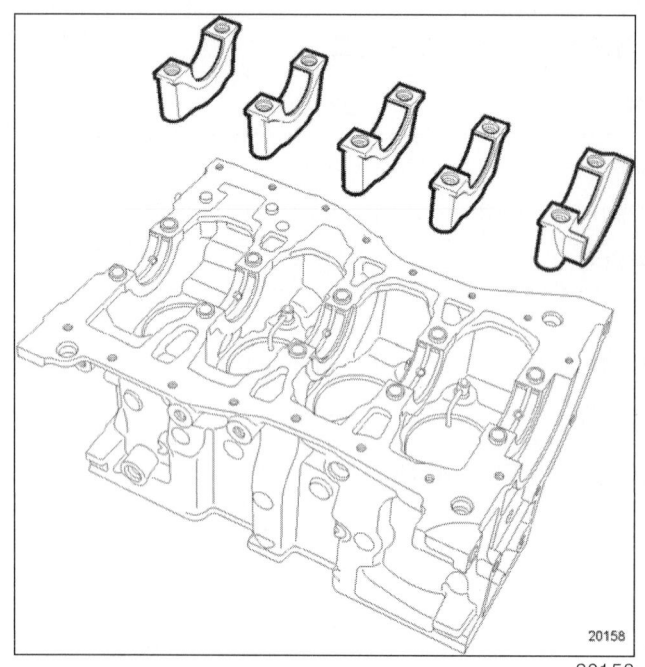

실린더 블록 베어링 캡의 베어링에는 홈이 없다.

3 - 크랭크샤프트 직경 간극 점검

참고 :
이 점검 도중 크랭크샤프트를 회전시키지 않는다.

크랭크샤프트 저널 및 실린더 블록 베어링에 있는 오일을 제거한다.

다음을 윤활하지 않고 장착한다 (10A, 엔진 및 실린더 블록 어셈블리, 크랭크샤프트 : 탈거 - 장착 참조):

- 실린더 블록측 크랭크샤프트 베어링,
- 베어링 캡측 베어링,
- 크랭크샤프트,
- 베어링 3 에 크랭크샤프트 스러스트 워셔 (크랭크샤프트측 홈).

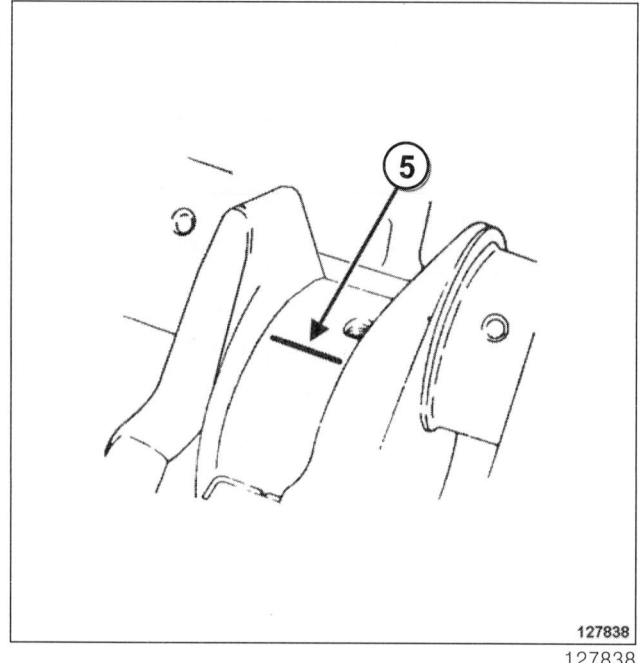

회전방향 움직임 측정 테이프 피스를 절단한다.

베어링 오일 홀을 피하여 와이어 (5) 를 크랭크샤프트 저널 축에 위치시킨다.

다음을 윤활하지 않고 장착한다 (10A, 엔진 및 실린더 블록 어셈블리, 크랭크샤프트 : 탈거 - 장착 참조):

- " 크랭크샤프트 베어링 - 베어링 캡 " 어셈블리,
- 기존 크랭크샤프트 베어링 볼트.

다음을 탈거한다 (10A, 엔진 및 실린더 블록 어셈블리, 크랭크샤프트 : 탈거 - 장착 참조):

- 기존 크랭크샤프트 베어링 볼트,
- " 크랭크샤프트 베어링 - 베어링 캡 " 어셈블리.

엔진 및 실린더 블록 어셈블리
크랭크샤프트 : 점검

10A

J87/K9K

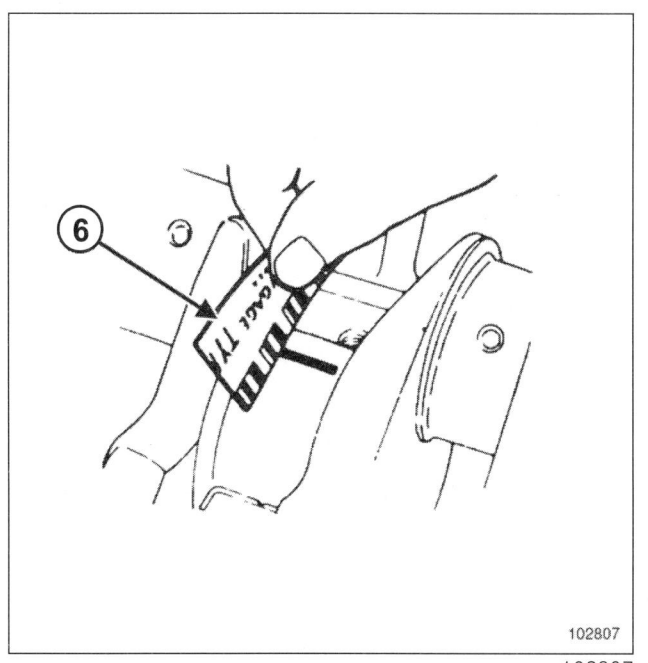

102807

와이어 포장지 (6) 에 인쇄된 게이지를 사용하여 **회전 방향 움직임 측정 테이프**의 편평 유격을 측정한다. 측정 값은 0.010 ~ 0.054 mm 사이여야 한다.

크랭크샤프트와 베어링에 있는 측정 와이어의 나머지 부품을 전부 제거한다.

IV – 크랭크샤프트 핀 베어링 점검

참고 :
탈거한 커넥팅 로드 수와 관계 없이 항상 모든 커넥팅 로드 베어링을 교환한다.

참고 :
부품 부서에서는 커넥팅 로드 바디 및 커넥팅 로드캡에 장착하는 폭 18.625 ± 0.125 mm 의 커넥팅 로드 베어링 세트를 제공한다.

따라서 이 베어링 폭에 권장되는 방법을 적용한다 (10A, 엔진 및 실린더 블록 어셈블리, 피스톤 – 커넥팅 로드 : 탈거 – 장착 참조).

1 – 핀 베어링 폭

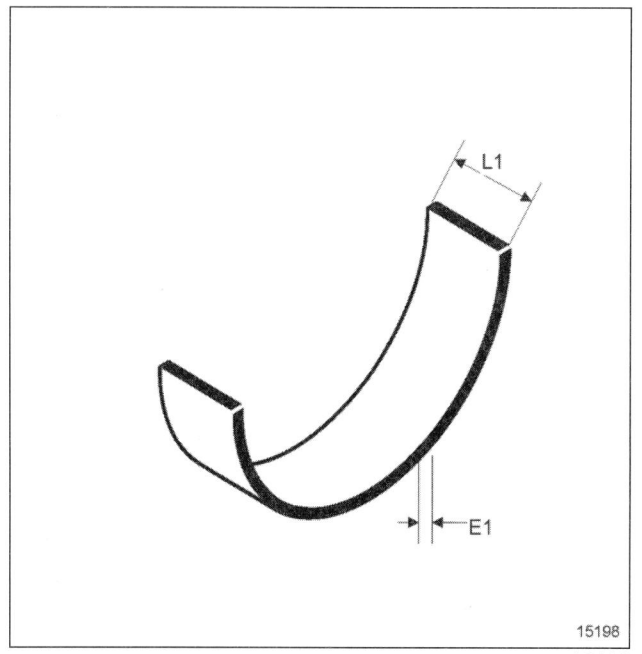

15198

참고 :
커넥팅 로드 및 커넥팅 로드 캡의 베어링은 폭이 같지 않다.

엔진 유형	베어링 폭 (L1) (mm)	
	커넥팅 로드 바디측	커넥팅 로드 캡측
K9K	18.625 ± 0.125	17.625 ± 0.125

엔진 및 실린더 블록 어셈블리
크랭크샤프트 : 점검

10A

J87/K9K

2 – 핀 베어링 두께

참고 :
베어링 두께는 베어링 중심에서 측정한다.

참고 :
커넥팅 로드 및 커넥팅 로드 캡의 베어링은 두께가 같지 않다.

엔진 유형	베어링 두께 (E1) (mm)	
	커넥팅 로드 바디측	커넥팅 로드 캡측
K9K	1.798 ~ 1.808	1.800 ~ 1.806

3 – 핀 베어링 장착 방향

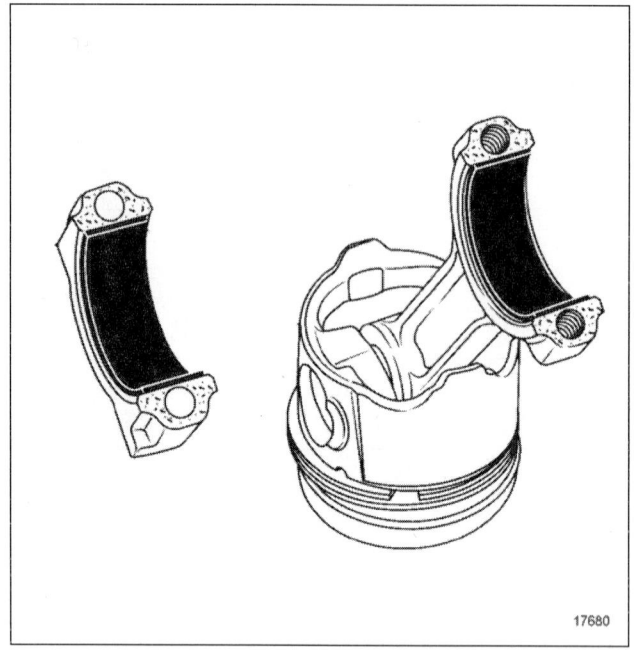

베어링에는 풀 프루프 장치가 없다.

커넥팅 로드 및 커넥팅 로드 캡의 베어링에는 홈이 없다.

V – 크랭크샤프트 스러스트 워셔 점검

1 – 스러스트 워셔 위치

스러스트 워셔는 3번 크랭크샤프트 베어링에 위치한다.

2 – 스러스트 워셔 장착 방향

스러스트 워셔의 홈이 크랭크샤프트를 향하도록 위치시킨다.

3 – 크랭크샤프트 스러스트 워셔 두께 점검

외부 마이크로미터를 사용하여 각 스러스트 워셔의 두께를 측정한다.

워셔 두께에는 2.80 mm 및 2.85 mm 가 있다.

4 – 크랭크샤프트 엔드 간극 점검

참고 :
크랭크샤프트와 접촉하는 크랭크샤프트 베어링 면만 윤활한다.

다음을 장착한다 (10A, 엔진 및 실린더 블록 어셈블리, 크랭크샤프트 : 탈거 – 장착 참조) :

– 실린더 블록측 크랭크샤프트 베어링,

– 베어링 캡측 베어링,

– 크랭크샤프트,

– 3번 베어링에 크랭크샤프트 스러스트 워셔 (크랭크샤프트측 홈),

– 윤활된 베어링이 장착된 실린더 블록 베어링 캡,

– 기존 크랭크샤프트 베어링 볼트.

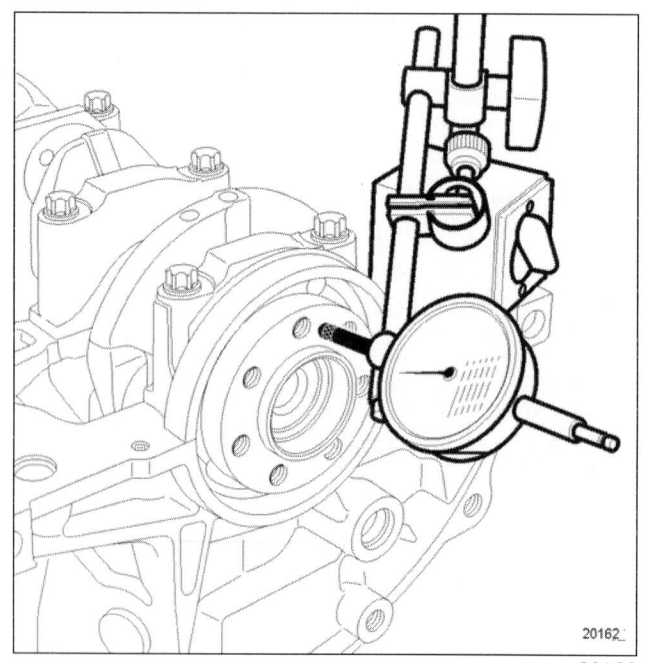

다음을 장착한다 :

– 다이얼 게이지 서포트,

– 마운팅에 다이얼 게이지.

엔진 및 실린더 블록 어셈블리
크랭크샤프트 : 점검

10A

J87/K9K

크랭크샤프트의 플라이휠 표면에 **다이얼 게이지의 필러**를 위치시킨다.

크랭크샤프트의 축을 타이밍 엔드 방향으로 밀어 스러스트 워셔의 크랭크샤프트를 지지한다.

다이얼 게이지를 0 으로 설정한다.

크랭크샤프트의 축을 플라이휠 끝 방향으로 밀어 다른 스러스트 워셔의 크랭크샤프트를 지지한다.

크랭크샤프트의 사이드 유격은 다음 사이여야 한다 :

- 크랭크샤프트 사이드 심 마모가 없는 경우 0.045 ~ 0.252 mm,
- 크랭크샤프트 사이드 심 마모가 없는 경우 0.045 ~ 0.852 mm.

크랭크샤프트를 탈거한다 (10A, 엔진 및 실린더 블록 어셈블리 , 크랭크샤프트 : 탈거 – 장착 참조).

VI – 크랭크샤프트 타이밍 스프로켓

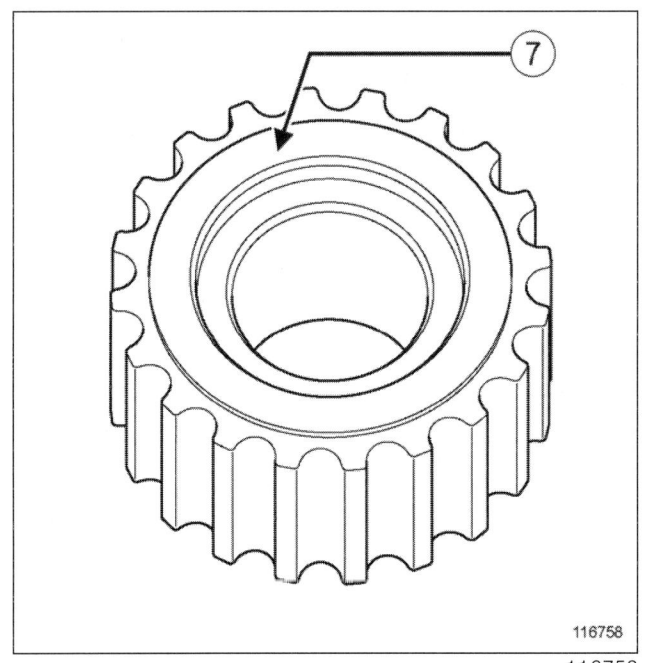

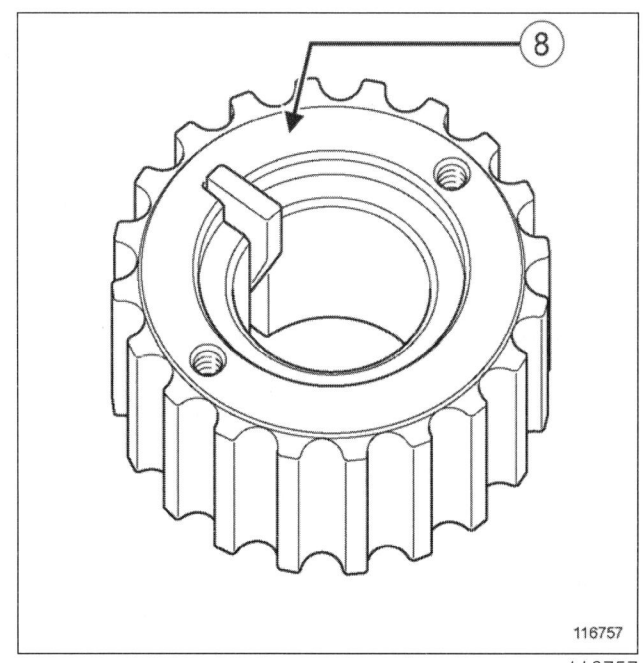

엔진은 코터가 없는 (7) 또는 코터가 있는 (8) 크랭크샤프트 타이밍 스프로켓으로 장착할 수 있다 .

부품 부서에서는 코터가 있는 크랭크샤프트 타이밍 스프로켓만 제공한다 .

VII – VII – 최종 작업

크랭크샤프트를 장착한다 (10A, 엔진 및 실린더 블록 어셈블리 , 크랭크샤프트 : 탈거 – 장착 참조).

구성부품 서포트에서 엔진을 탈거한다 (10A, 엔진 및 실린더 블록 어셈블리 , 엔진 서포트 장비 : 사용 참조).

엔진에서 변속기를 분리한다 (**자동변속기 : 탈거 – 장착** 참조).

엔진 – 변속기 어셈블리를 장착한다 (**엔진 – 변속기 어셈블리 : 탈거 – 장착** 참조).

엔진 및 실린더 블록 어셈블리
피스톤 베이스 냉각 노즐 : 탈거 – 장착

10A

J87/K9K

필요 장비
압축 공기 노즐
구성부품 서포트

주의

탈거한 부품과 관련된 안전은 고객이 관리해야 한다. 탈거 및 장착 시 이 절차에서 설명하는 안전 지침을 준수해야 한다.

주의

엔진 오일 팬에는 어떠한 힘도 가하면 안 된다. 엔진 오일 팬이 변형되면 엔진에 다음과 같이 영구적인 손상이 발생할 수 있다 :

– 오일 스트레이너의 막힘,

– 오일 레벨이 최대 값을 넘어 엔진 공전 발생.

경고

수리 작업 전 시스템 손상의 우려가 있는 모든 위험을 방지하기 위해 안전, 청결 지침 및 작업에 대한 가이드라인을 확인한다 (10A, 엔진 및 실린더 블록 어셈블리, 엔진 : 사전 주의사항 참조).

탈거

I - 탈거 준비 작업

❏ 《엔진 – 변속기 어셈블리》를 탈거한다 (엔진 – 변속기 어셈블리 : 탈거 – 장착 참조).

❏ 엔진에서 변속기를 분리한다 (자동변속기 : 탈거 – 장착 참조).

❏ 엔진을 구성부품 서포트 위에 위치시킨다 (10A, 엔진 및 실린더 블록 어셈블리, 엔진 서포트 장비 : 사용 참조).

❏ 엔진 오일을 배출한다 (엔진 오일 – 오일 필터 : 배출 – 주입 참조).

❏ 다음을 탈거한다 :

– 드라이브 벨트 (드라이브 벨트 – 크랭크샤프트 풀리 : 탈거 – 장착 참조),

– 크랭크샤프트 풀리 (드라이브 벨트 – 크랭크샤프트 풀리 : 탈거 – 장착 참조),

– 타이밍 벨트 (타이밍 벨트 : 탈거 – 장착 참조).

❏ 다음을 탈거한다 (10A, 엔진 및 실린더 블록 어셈블리, 실린더 블록 : 탈거 – 장착 참조):

– 클러치 디스크 및 압력 플레이트,

– 플라이휠,

– 알터네이터,

– 에어 컨디셔닝 컴프레서 (차량 옵션에 따라 다름),

– 파워 스티어링 펌프 또는 더미 풀리 (차량 옵션에 따라 다름),

– 멀티펑션 서포터,

– 변속기 사이드 크랭크샤프트 씰,

– 프론트 오일 씰,

– 오일 팬,

– 크랭크샤프트 크로져 패널,

– 오일 펌프 및 오일 비산 플레이트,

– 오일 펌프 드라이브 체인,

– 오일 펌프 드라이브 스프로켓.

❏ 다음을 탈거한다 :

– 크랭크샤프트 (10A, 엔진 및 실린더 블록 어셈블리, 크랭크샤프트 : 탈거 – 장착 참조),

– " 피스톤 – 커넥팅 로드 " 어셈블리 (10A, 엔진 및 실린더 블록 어셈블리, 피스톤 – 커넥팅 로드 : 탈거 – 장착 참조).

엔진 및 실린더 블록 어셈블리
피스톤 베이스 냉각 노즐 : 탈거 - 장착

10A

J87/K9K

II - 피스톤 베이스 냉각 노즐 탈거 작업

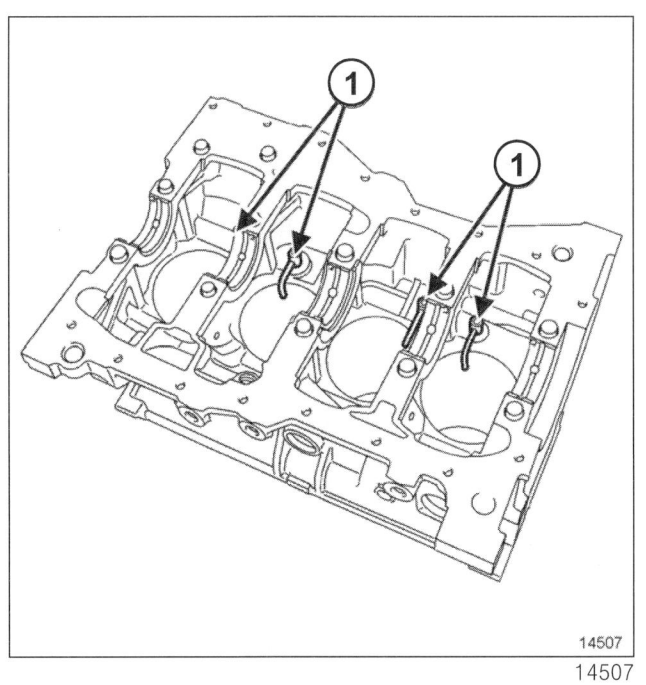

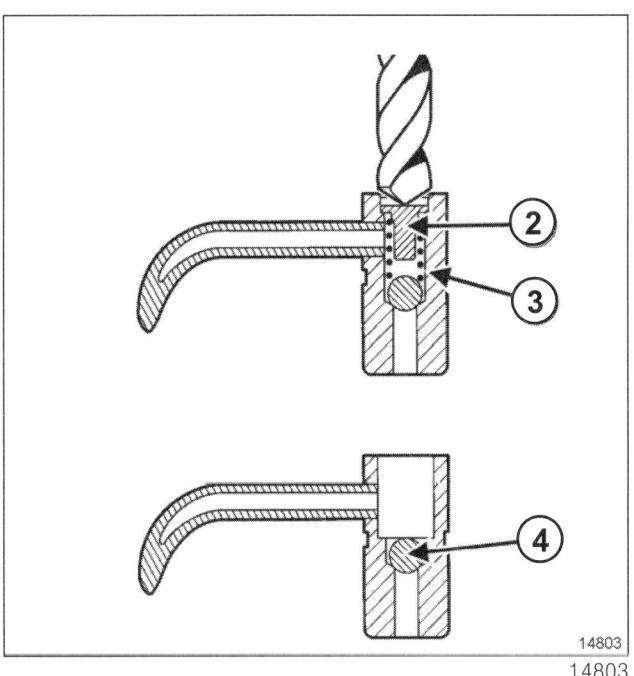

직경 7 mm 의 드릴 비트를 사용하여 피스톤 베이스 냉각 노즐 (1) 에 구멍을 뚫는다.

주의

피스톤 베이스 냉각 노즐이 있는 볼 (4) 을 제거하면 윤활 회로에 이물질이 들어갈 수 있으므로 제거해선 안 된다.

❏ 다음을 탈거한다 :

- 스프링 스톱퍼 (2),
- 스프링 (3).

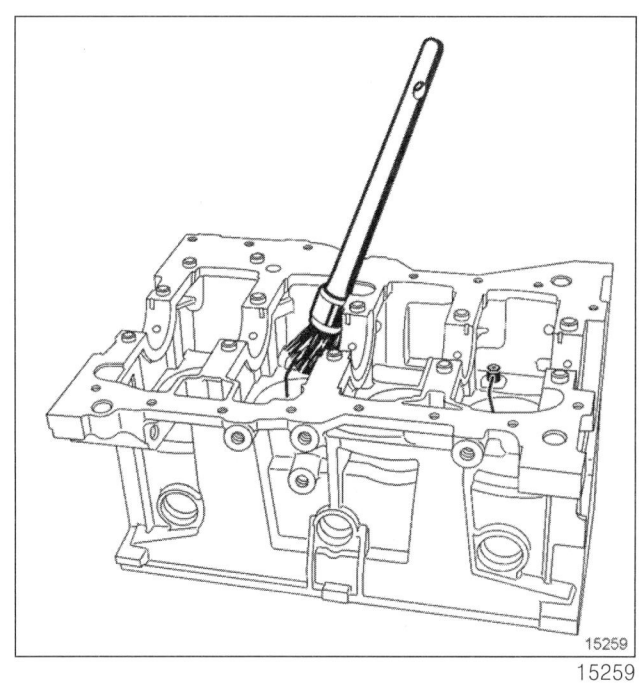

❏ 브러시와 **압축 공기** 노즐로 이물질을 제거한다.

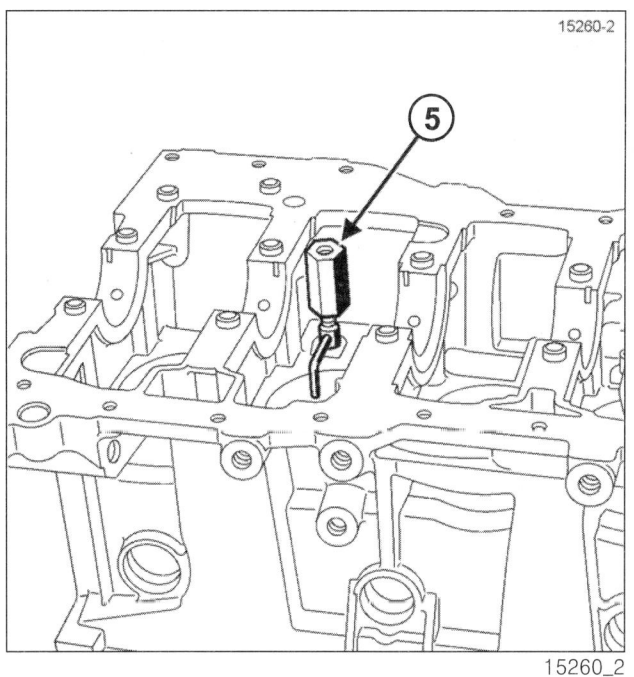

❏ 6 mm 육각 렌치 (공구에 맞아야 함) 를 사용하여 을 돌려서 피스톤 베이스 냉각 노즐에 장착한다.

10A-71

엔진 및 실린더 블록 어셈블리
피스톤 베이스 냉각 노즐 : 탈거 – 장착

10A

J87/K9K

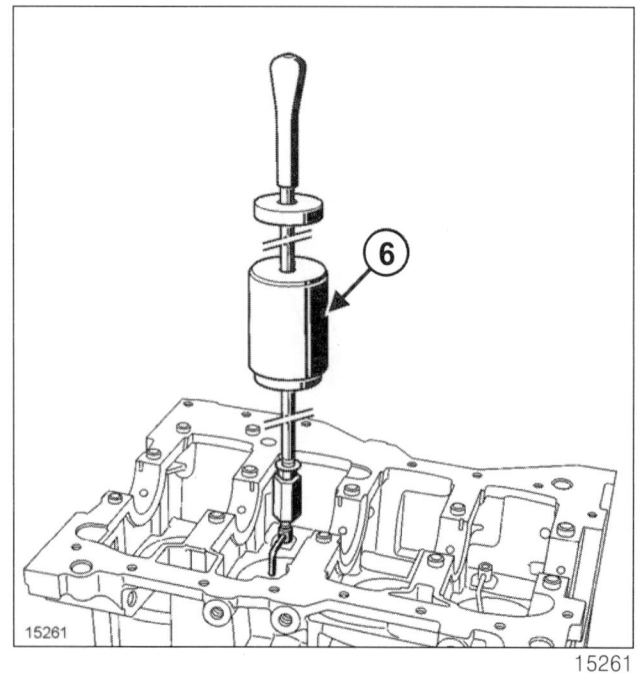

- 슬라이드 해머 풀러 (6) 를 돌려서 공구에 장착한다.
- 피스톤 베이스 냉각 노즐을 탈거한다.
- 피스톤 베이스 냉각 노즐을 탈거한 경우에는 항상 플러그를 장착한다.

장착

I – 장착 준비 작업

- 상시 교체 부품 : 피스톤 베이스 냉각 노즐.
- 개방부에서 블랭킹 플러그를 탈거한다.

> **경고**
> 작업 중에는 보호 장갑을 착용한다.

- 압축 공기와 깨끗한 천을 사용하여 오일 회로, 실린더 및 접촉면에 이물질이 없도록 청소한다.

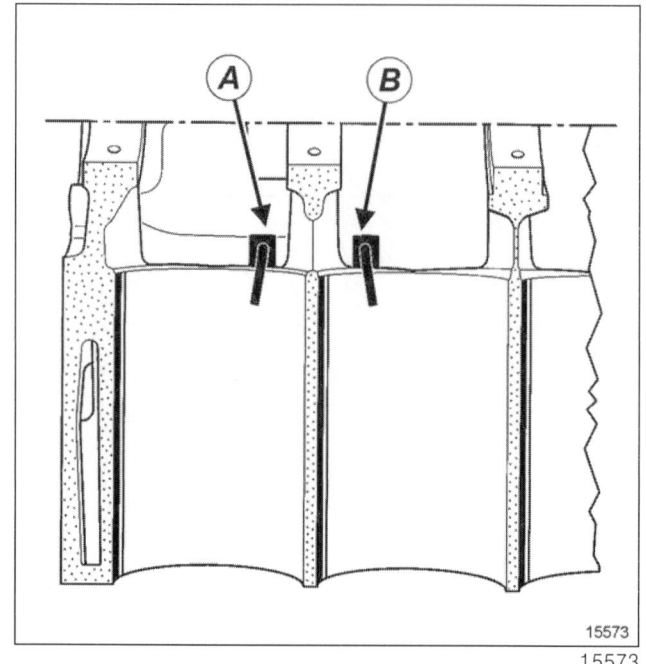

(A) 실린더 2 및 4 의 피스톤 베이스 노즐 방향

(B) 실린더 1 및 3 의 피스톤 베이스 노즐 방향

> **참고 :**
> 노즐 방향에 주의해야 한다. 노즐 끝은 실린더 중심을 향해야 한다.

II – 피스톤 베이스 냉각 노즐 장착 작업

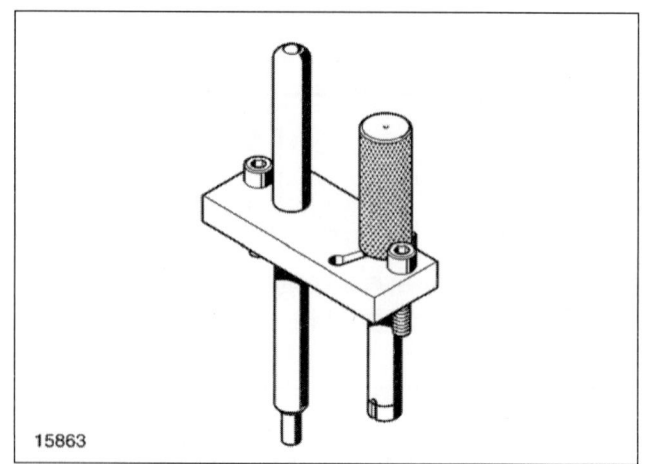

- 장착 툴을 사용하여 피스톤 베이스 냉각 노즐을 교환해야 한다.

10A-72

엔진 및 실린더 블록 어셈블리
피스톤 베이스 냉각 노즐 : 탈거 - 장착

10A

J87/K9K

1 - 실린더 1 및 3 의 노즐 장착

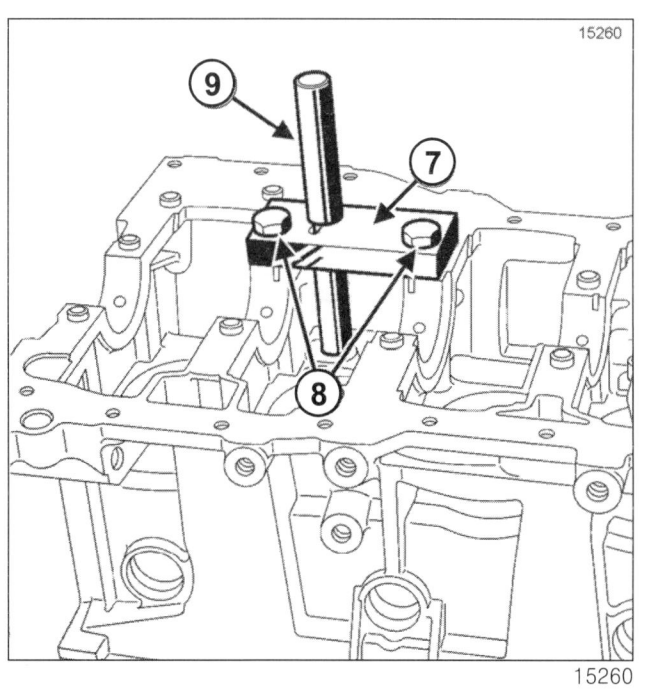

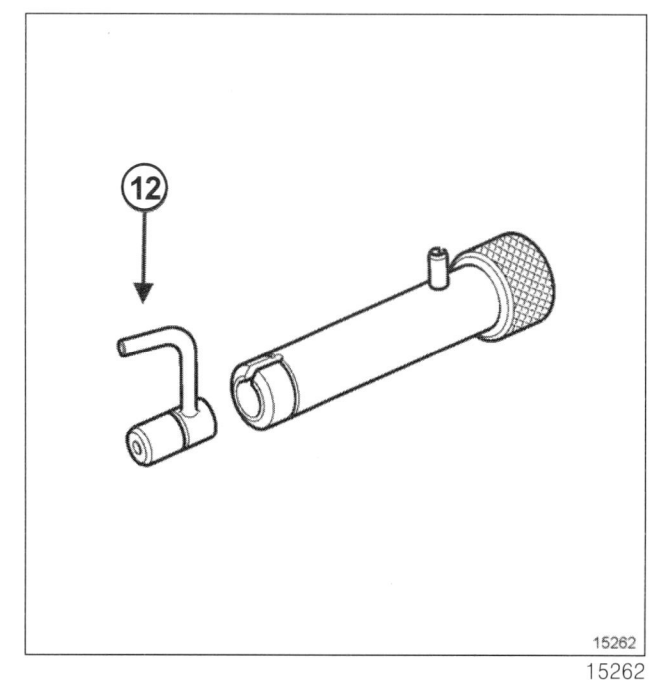

- 플레이트 (7) 를 실린더 블록 플레이트에 장착하고 볼트 (8) 두 개는 조이지 않는다.
- 가이드 로드 (9) 를 플레이트 (7) 에 끼워 플레이트의 중심을 맞춘다 (가이드 로드 끝이 냉각 노즐 구멍에 위치해야 함).
- 볼트 (8) 두 개를 조인다.
- 가이드 로드 (9) 를 탈거한다.

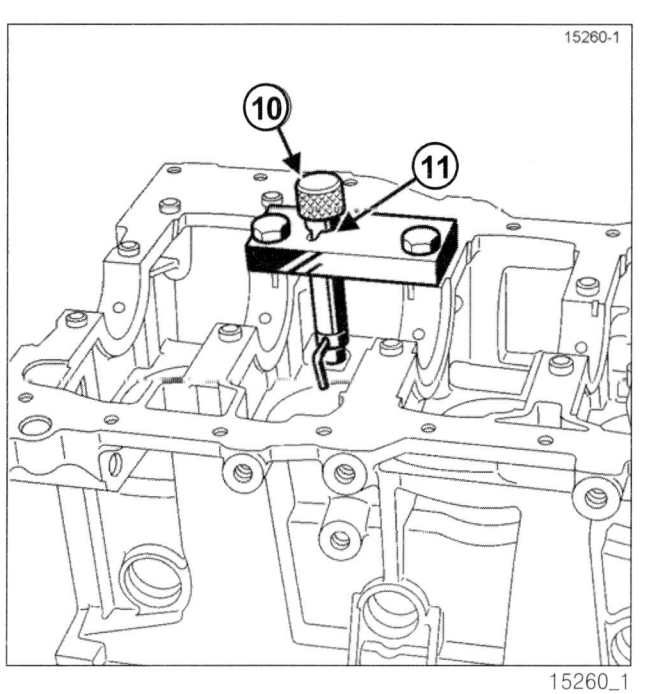

- 가이드 로드 위치에 푸시로드 (10) 를 장착한다.
- 푸시로드에 피스톤 베이스 냉각 노즐을 끼운다.
- 피스톤 베이스 냉각 노즐의 베이스 (12) 방향이 실린더 중심을 향하는지 확인한다.
- 해머를 사용하여 푸시로드 칼라 (11) 가 플레이트에 닿을 때까지 푸시로드를 아래로 두드린다.
- 다음을 탈거한다 :
    - 푸시로드 (10),
    - 볼트 두 개,
    - 플레이트.

엔진 및 실린더 블록 어셈블리
피스톤 베이스 냉각 노즐 : 탈거 - 장착

10A

J87/K9K

2 - 실린더 2 및 4 의 노즐 장착

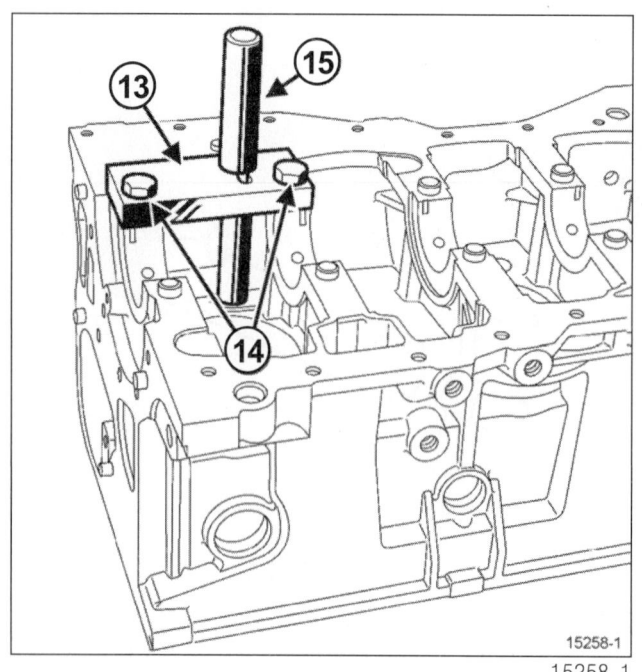

- 플레이트 (13) 를 실린더 블록 플레이트에 장착하고 볼트 (14) 두 개는 조이지 않는다.
- 가이드 로드 (15) 를 플레이트 (13) 에 끼워 플레이트의 중심을 맞춘다 (가이드 로드 끝이 피스톤 베이스 냉각 노즐 구멍에 위치해야 함).
- 볼트 (14) 두 개를 조인다.
- 가이드 로드 (15) 를 탈거한다.

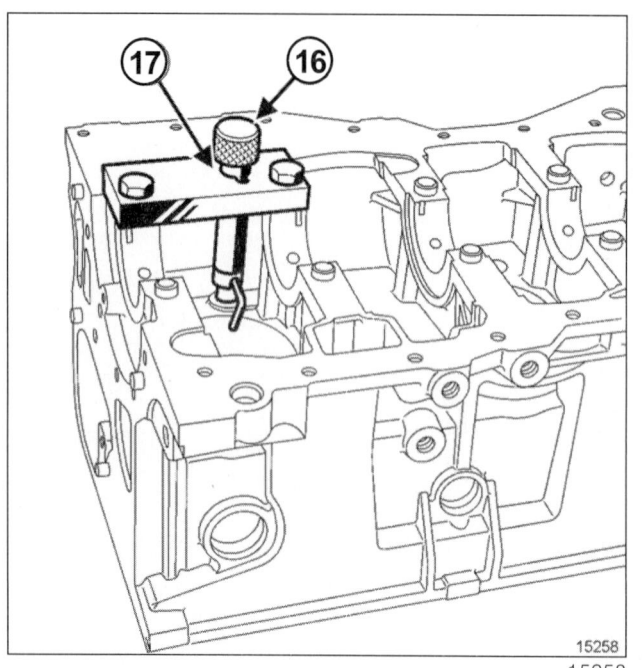

- 가이드 로드 위치에 푸시로드 (16) 를 장착한다.
- 푸시로드에 피스톤 베이스 냉각 노즐을 끼운다.
- 피스톤 베이스 냉각 노즐의 베이스 (18) 방향이 실린더 중심을 향하는지 확인한다.
- 해머를 사용하여 푸시로드 칼라 (17) 가 플레이트에 닿을 때까지 푸시로드를 아래로 두드린다.
- 다음을 탈거한다 :
  - 푸시로드 (16),
  - 볼트 두 개,
  - 플레이트.

엔진 및 실린더 블록 어셈블리
피스톤 베이스 냉각 노즐 : 탈거 – 장착

10A

J87/K9K

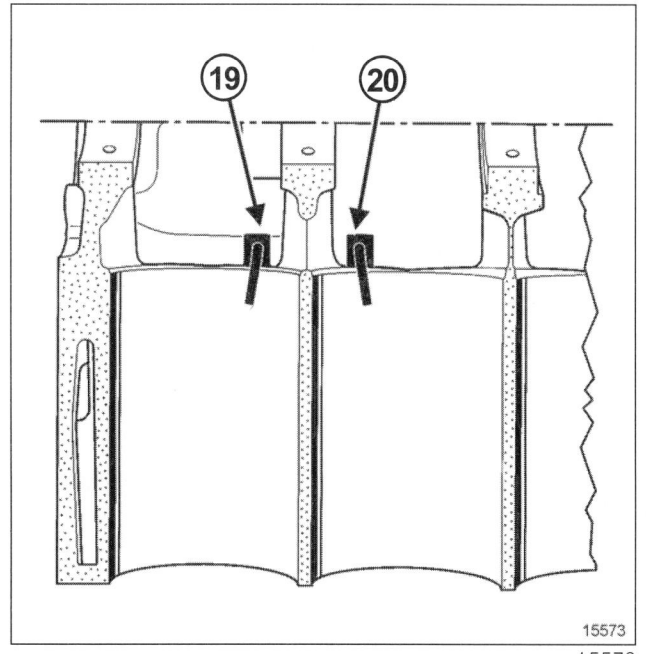

❏ 피스톤 베이스 냉각 노즐의 방향이 올바른지 점검한다. 표시 (19) 은 실린더 2 및 4 의 노즐과 일치하고, 표시 (20) 는 실린더 1 및 3 의 노즐과 일치한다.

III – 최종 작업

❏ 다음을 장착한다 :

- " 피스톤 – 커넥팅 로드 " 어셈블리 (10A, 엔진 및 실린더 블록 어셈블리, 피스톤 – 커넥팅 로드 : 탈거 – 장착 참조),

- 크랭크샤프트 (10A, 엔진 및 실린더 블록 어셈블리, 크랭크샤프트 : 탈거 – 장착 참조).

❏ 다음을 장착한다 (10A, 엔진 및 실린더 블록 어셈블리, 실린더 블록 : 탈거 – 장착 참조):

- 오일 펌프 드라이브 스프로켓 ,

- 오일 펌프 드라이브 체인 ,

- 오일 펌프 및 오일 비산 플레이트 ,

- 신품 씰이 장착된 크랭크샤프트 크로져 패널 ,

- 오일 팬 ,

- 프론트 오일 씰 ,

- 변속기 사이드 크랭크샤프트 씰 ,

- 멀티펑션 서포터 ,

- 파워 스티어링 펌프 또는 더미 풀리 (차량 옵션에 따라 다름),

- 에어 컨디셔닝 컴프레서 (차량 옵션에 따라 다름),

- 알터네이터 ,

- 플라이휠 ,

- 클러치 디스크 및 압력 플레이트 .

❏ 다음을 장착한다 :

- 크랭크샤프트 타이밍 스프로켓 및 타이밍 벨트 (**타이밍 벨트 : 탈거 – 장착** 참조),

- 크랭크샤프트 풀리 (드라이브 벨트 – 크랭크샤프트 풀리 : 탈거 – 장착 참조),

- 드라이브 벨트 (드라이브 벨트 – 크랭크샤프트 풀리 : 탈거 – 장착 참조).

❏ 구성부품 서포트 (10A, 엔진 및 실린더 블록 어셈블리 , 엔진 서포트 장비 : 사용 참조) 에서 엔진을 탈거한다 .

❏ 엔진에 변속기를 결합한다 (**자동변속기 : 탈거 – 장착** 참조).

❏ 엔진 – 변속기 어셈블리를 장착한다 (엔진 – 변속기 어셈블리 : 탈거 – 장착 참조).

❏ 엔진 오일을 주입한다 (엔진 오일 – 오일 필터 : 배출 – 주입 참조).

엔진 및 실린더 블록 어셈블리
실린더 블록 : 탈거 - 장착

10A

J87/K9K

특수 공구	
RSM 9248	플라이휠 록킹 공구

필요 장비
워크샵 호이스트
구성부품 서포트

규정 토크 ⊘	
크랭크샤프트 크로져 패널 볼트	14 N.m

주의
탈거한 부품과 관련된 안전은 고객이 관리해야 한다. 탈거 및 장착 시 이 절차에서 설명하는 안전 지침을 준수해야 한다.

경고
수리 작업 전 시스템 손상의 우려가 있는 모든 위험을 방지하기 위해 안전, 청결 지침 및 작업에 대한 가이드라인을 확인한다 (10A, 엔진 및 실린더 블록 어셈블리, 엔진 : 사전 주의사항 참조).

주의
엔진 오일 팬에는 어떠한 힘도 가하면 안 된다. 엔진 오일 팬이 변형되면 엔진에 다음과 같이 영구적인 손상이 발생할 수 있다 :
- 오일 스트레이너의 막힘,
- 오일 레벨이 최대 값을 넘어 엔진 공전 발생.

탈거

I - 탈거 준비 작업

- 《엔진 - 변속기 어셈블리》를 탈거한다 (엔진 - 변속기 어셈블리 : 탈거 - 장착 참조).
- 엔진에서 변속기를 분리한다 (자동변속기 : 탈거 - 장착 참조).
- 엔진을 구성부품 서포트 위에 위치시킨다 (10A, 엔진 및 실린더 블록 어셈블리, 엔진 서포트 장비 : 사용 참조).

- 엔진 오일을 배출한다 (엔진 오일 - 오일 필터 : 배출 - 주입 참조).
- 드라이브 벨트를 탈거한다 (드라이브 벨트 - 크랭크샤프트 풀리 : 탈거 - 장착 참조).
- 플라이휠 록킹 공구 (RSM 9248) (1) 을 장착한다.
- 다음을 탈거한다 :
  - 크랭크샤프트 풀리 (드라이브 벨트 - 크랭크샤프트 풀리 : 탈거 - 장착 참조),
  - 클러치 디스크 및 압력 플레이트 (클러치 : 탈거 - 장착 참조),
  - 플라이휠 (플라이휠 : 탈거 - 장착 참조),
  - 플라이휠 록킹 공구 (RSM 9248),
  - 타이밍 벨트 (타이밍 벨트 : 탈거 - 장착 참조).

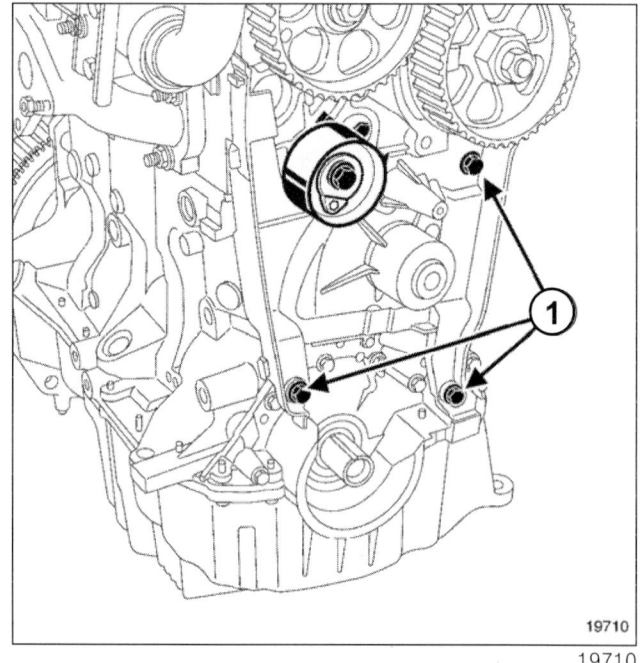

- 다음을 탈거한다 :
  - 타이밍 벨트 텐셔너,
  - 내부 타이밍 커버 볼트 (1),
  - 내부 타이밍 커버,
  - 알터네이터 (알터네이터 : 탈거 - 장착 참조),
  - 에어 컨디셔닝 컴프레서 (컴프레서 : 탈거 - 장착 참조),
  - 터보차저 아웃렛의 배기 가스 덕트 (터보차저 : 탈거 - 장착 참조),
  - 터보차저 (터보차저 : 탈거 - 장착 참조),
  - 전동 스로틀 (인렛 플랩 : 탈거 - 장착 참조).

엔진 및 실린더 블록 어셈블리
실린더 블록 : 탈거 – 장착

10A

J87/K9K

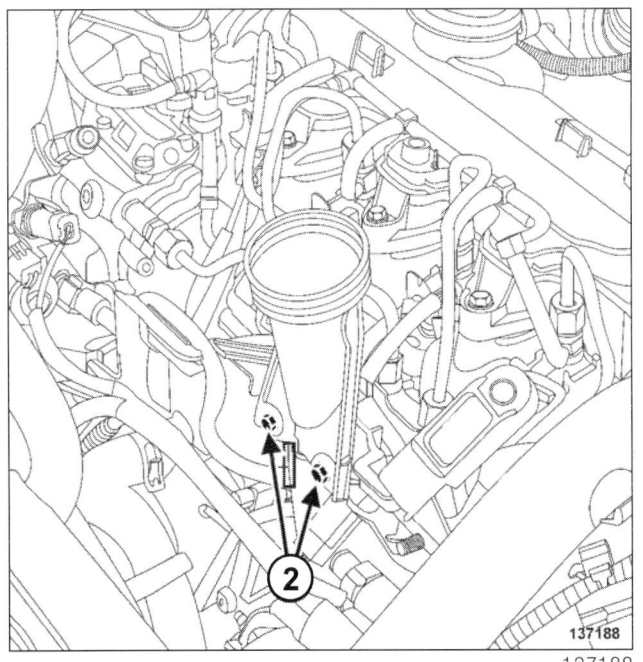

❏ 다음을 탈거한다 :

- 엔진 오일 레벨 게이지 ,
- 엔진 오일 레벨 게이지 가이드의 볼트 (2),
- 엔진 오일 레벨 게이지 가이드 ,
- 연료 리턴 레일 (**디젤 인젝터 연료 리턴 레일 : 탈거 – 장착** 참조).

❏ 다음을 탈거한다 :

- 연료 레일과 인젝터 사이의 고압 연료 파이프 (**레일과 인젝터 간 고압 파이프 : 탈거 – 장착** 참조),
- 인젝터 (**디젤 인젝터 : 탈거 – 장착** 참조).

❏ 다음을 탈거한다 :

- 로커 커버 (**로커 커버 : 탈거 – 장착** 참조),
- 실린더 헤드 (**실린더 헤드 : 탈거 – 장착** 참조),
- 오일 필터 (**엔진 오일 – 오일 필터 : 배출 – 주입** 참조),
- 오일 압력 센서 (**오일 압력 센서 : 탈거 – 장착** 참조),
- 오일 쿨러 (**오일 쿨러 : 탈거 – 장착** 참조),
- 멀티펑션 서포터 (**멀티펑션 서포트 : 탈거 – 장착** 참조),
- 워터 펌프 인렛 파이프 (**워터 펌프 : 탈거 – 장착** 참조),
- 변속기 사이드 크랭크샤프트 씰 (**리어 오일 씰 : 탈거 – 장착** 참조),
- 오일 팬 (**로어 커버 : 탈거 – 장착** 참조),
- 오일 펌프 및 오일 비산 플레이트 (**오일 펌프 : 탈거 – 장착** 참조).

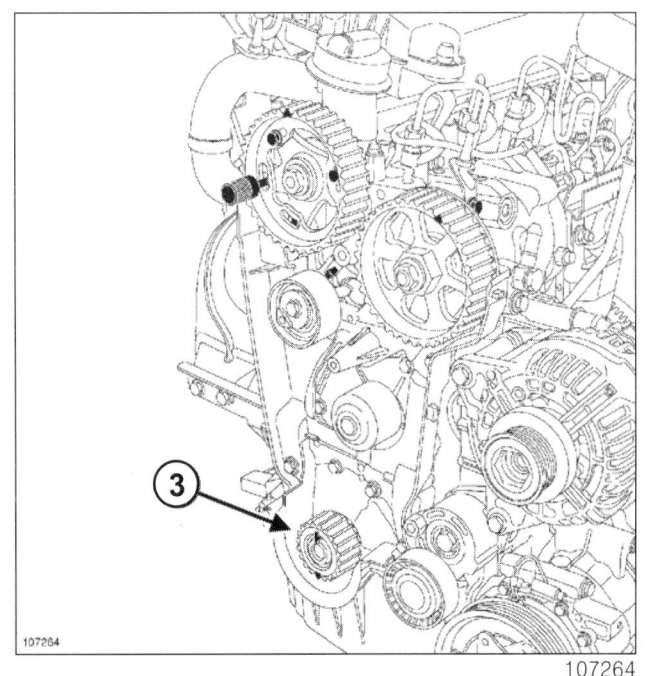

❏ 다음을 탈거한다 :

- 크랭크샤프트 타이밍 스프로켓 (3),
- 워터 펌프 (**워터 펌프 : 탈거 – 장착** 참조),
- 프론트 오일 씰 (**프론트 오일 씰 : 탈거 – 장착** 참조).

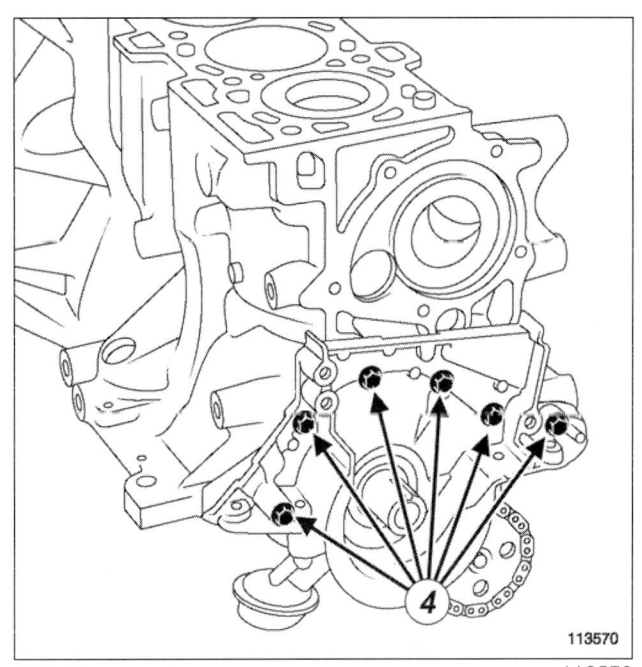

❏ 다음을 탈거한다 :

- 크랭크샤프트 크로져 패널 볼트 (4),
- 크랭크샤프트 크로져 패널 .

엔진 및 실린더 블록 어셈블리
실린더 블록 : 탈거 – 장착

10A

J87/K9K

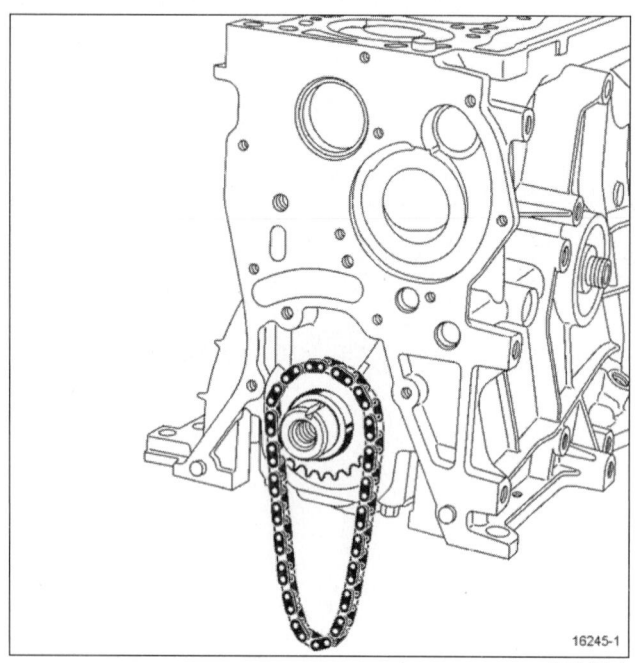

❏ 다음을 탈거한다 :

- 오일 펌프 드라이브 체인 ,
- 오일 펌프 드라이브 체인의 크랭크샤프트 스프로켓 ,
- 각 실린더의 커넥팅 로드 – 피스톤 어셈블리 (10A, 엔진 및 실린더 블록 어셈블리 , 피스톤 – 커넥팅 로드 : 탈거 – 장착 참조),
- 크랭크샤프트 (10A, 엔진 및 실린더 블록 어셈블리 , 크랭크샤프트 : 탈거 – 장착 참조).

II – 관련 부품 탈거 작업

실린더 블록 교환 또는 청소 시에만 작업을 수행한다 .

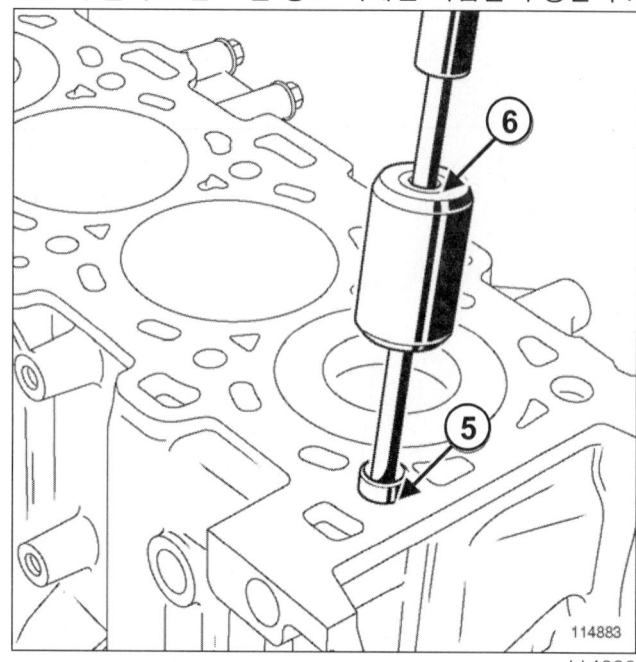

❏ 슬라이드 헤머 (6) 를 사용하여 실린더 헤드에서 센터링 다웰 (5) 을 탈거한다 .

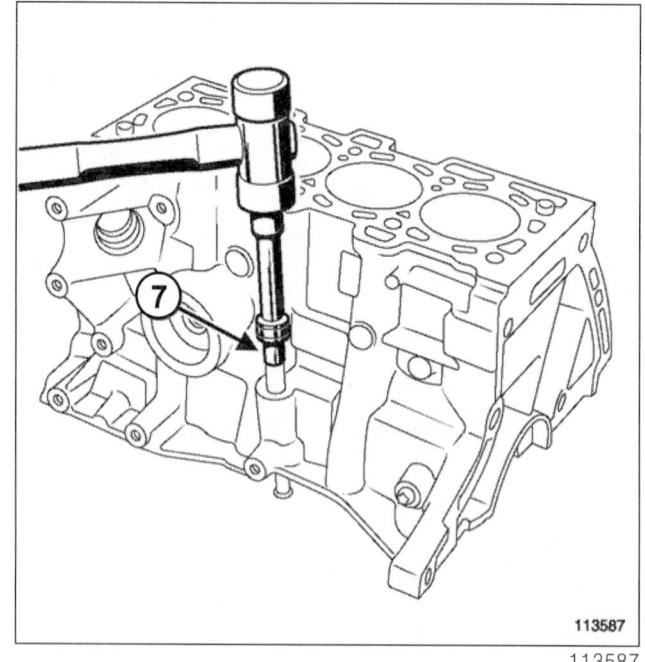

10A-78

엔진 및 실린더 블록 어셈블리
실린더 블록 : 탈거 – 장착

10A

J87/K9K

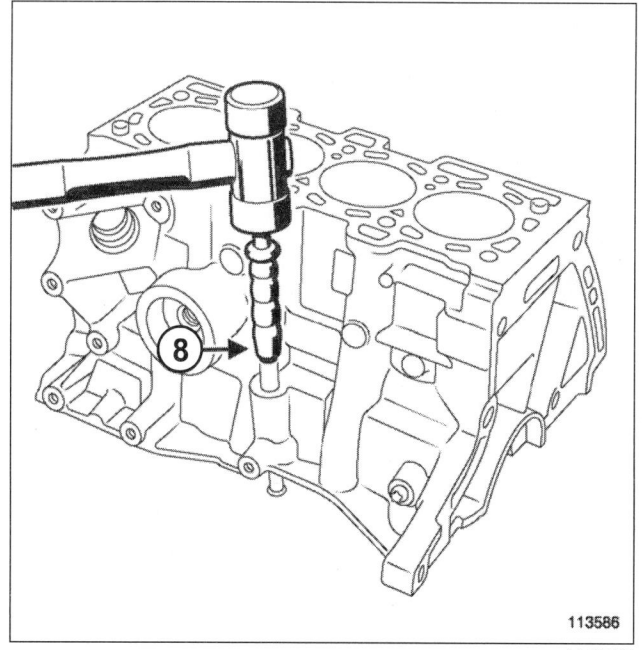

❏ 10 mm (7) 육각 렌치 또는 10 mm (8) 핀 펀치 엔진 오일 레벨 게이지 가이드 튜브를 탈거한다.

장착

I - 장착 준비 작업

❏

> **주의**
> 올바르게 씰링하려면 가스켓 표면에 물기, 기름기 지문 등이 없이 깨끗해야 한다.

❏ 항상 교환해야 하는 부품 :
 – 프론트 오일 씰,
 – 변속기 사이드 크랭크샤프트 씰,
 – 크랭크샤프트 노우즈 크로져 패널 씰,
 – 냉각수 펌프 (검사 후 필요한 경우),
 – 오일 팬 가스켓,
 – 워터 펌프 인렛 파이프 씰,
 – 오일 필터,
 – 크랭크샤프트 풀리 볼트,
 – 플라이휠 볼트,
 – 엔진 오일 드레인 플러그 씰,
 – 실린더 헤드 가스켓.

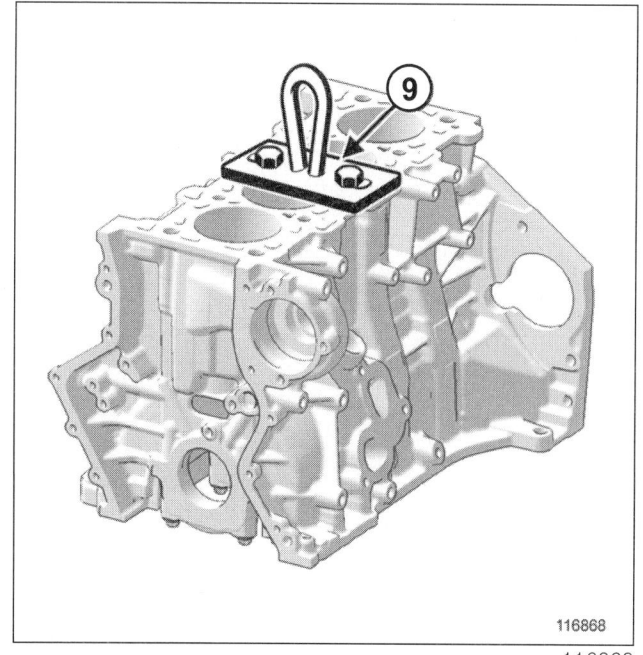

❏ 엔진 리프팅 링 (9) 을 실린더 블록에 위치시킨다.

❏ 워크샵 호이스트 (10A, 엔진 및 실린더 블록 어셈블리, 엔진 서포트 장비 : 사용 참조) 를 사용하여 구성부품 서포트에서 실린더 블록을 탈거한다.

❏ 실린더 블록을 청소한다 (10A, 엔진 및 실린더 블록 어셈블리, 실린더 블록 : 청소 참조).

❏ 워크샵 호이스트 (10A, 엔진 및 실린더 블록 어셈블리, 엔진 서포트 장비 : 사용 참조) 를 사용하여 구성부품 서포트에 실린더 블록을 장착한다.

II - 관련 부품 장착 작업

❏ 실린더 헤드 센터링 다웰을 장착한다 (탈거한 경우).

엔진 및 실린더 블록 어셈블리
실린더 블록 : 탈거 – 장착

10A

J87/K9K

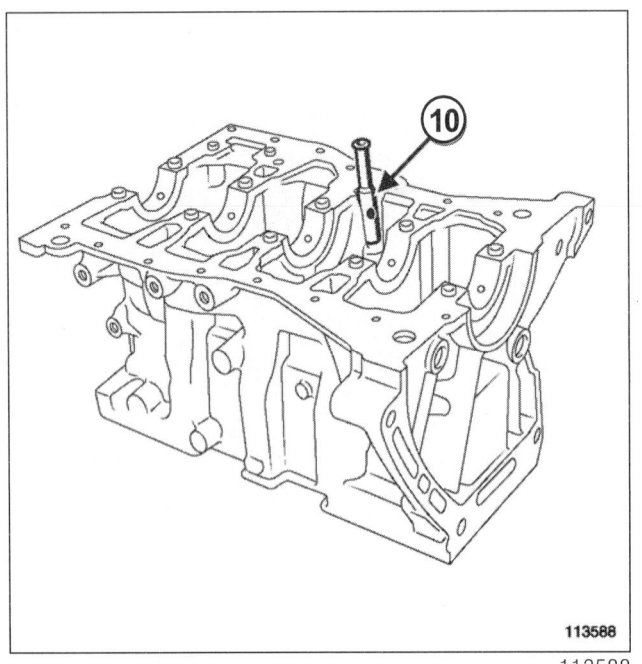

- 다이어그램에 표시된 대로 엔진 오일 레벨 게이지 가이드 튜브의 오리피스 (10) 를 정렬하여 실린더 블록에 엔진 오일 레벨 게이지 가이드 튜브를 장착한다 .

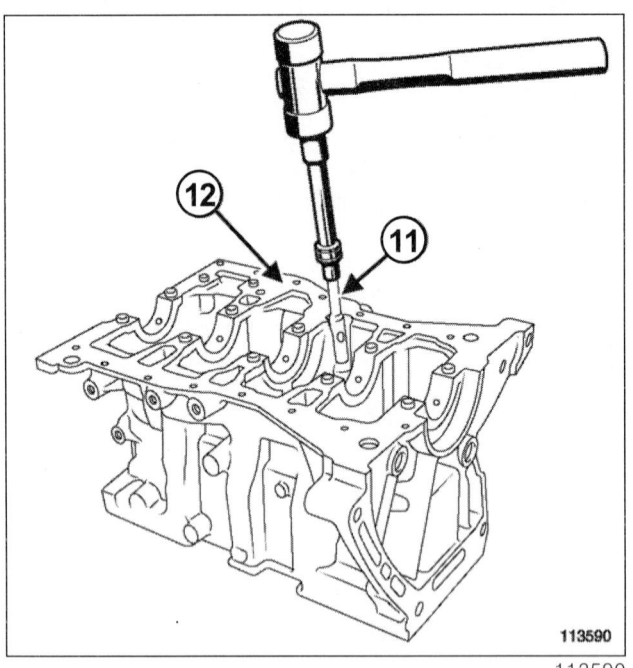

- 8 mm 육각 렌치 (수) 를 사용하여 엔진 오일 레벨 게이지 가이드 튜브를 삽입한다 . 엔진 오일 레벨 게이지 가이드 튜브의 끝 (11) 이 실린더 블록 접촉면 (12) 에서 43 mm 만큼 돌출될 때까지 삽입한다 .

III – 최종 작업

- 실린더 블록을 교환하는 경우 , 크랭크샤프트를 장착하기 전에 각 베어링에 장착할 크랭크샤프트 베어링의 두께 그레이드를 확인하여 저널 간극이 공차 내에 있는지 항상 확인한다 (10A, 엔진 및 실린더 블록 어셈블리 , 크랭크샤프트 : 점검 참조).

> 참고 :
> 크랭크샤프트 저널의 간극이 공차 범위를 벗어나면 엔진이 손상될 수 있다 .

- 크랭크샤프트를 장착한다 (10A, 엔진 및 실린더 블록 어셈블리 , 크랭크샤프트 : 탈거 – 장착 참조).
- 실린더 블록을 교환하는 경우 , 실린더 블록 기준의 피스톤 돌출이 허용 오차 범위 내에 있도록 보장하려면 커넥팅 로드 – 피스톤 어셈블리를 장착하기 전에 각 실린더에 장착할 피스톤 높이 범주를 확인해야 한다 .

> 참고 :
> 실린더 블록 기준의 피스톤 돌출이 허용 오차 범위를 벗어나면 다음과 같은 문제가 발생할 수 있다 :
> – 엔진 오작동 (시동 오류 , 공해 , 성능 불량),
> – 엔진 손상 (피스톤이 실린더 헤드나 밸브에 닿음).

- 각 실린더에 커넥팅 로드 – 피스톤 어셈블리를 장착한다 (10A, 엔진 및 실린더 블록 어셈블리 , 피스톤 – 커넥팅 로드 : 탈거 – 장착 참조).
- 실린더 블록을 교환하는 경우 , 커넥팅 로드 – 피스톤 어셈블리를 장착한 후 항상 실린더 블록 기준의 피스톤 돌출이 허용 오차 범위 내에 있는지 점검한다 .

> 참고 :
> 실린더 블록 기준의 피스톤 돌출이 허용 오차 범위를 벗어나면 다음과 같은 문제가 발생할 수 있다 :
> – 엔진 오작동 (시동 오류 , 공해 , 성능 불량),
> – 엔진 손상 (피스톤이 실린더 헤드나 밸브에 닿음).

- 다음을 장착한다 :
  - 오일 펌프 드라이브 스프로켓 ,
  - 오일 펌프 드라이브 체인 ,
  - 신품 씰이 장착된 크랭크샤프트 크로져 패널 ,
  - 크랭크샤프트 크로져 패널 볼트 .

엔진 및 실린더 블록 어셈블리
실린더 블록 : 탈거 – 장착

10A

J87/K9K

- 크랭크샤프트 크로져 패널 볼트를 규정 토크 (14 N.m) 로 조인다 .
- 다음을 장착한다 :
    - 프론트 오일 씰 (프론트 오일 씰 : 탈거 – 장착 참조),
    - 타이밍 스프로켓 ,
    - 워터 펌프 (워터 펌프 : 탈거 – 장착 참조),
    - 오일 펌프 (오일 펌프 : 탈거 – 장착 참조),
    - 오일 팬 (로어 커버 : 탈거 – 장착 참조),
    - 변속기 사이드 크랭크샤프트 씰 (리어 오일 씰 : 탈거 – 장착 참조),
    - 워터 펌프 인렛 파이프 (워터 펌프 : 탈거 – 장착 참조),
    - 멀티펑션 서포터 (멀티펑션 서포트 : 탈거 – 장착 참조),
    - 오일 쿨러 (오일 쿨러 : 탈거 – 장착 참조),
    - 오일 압력 센서 (오일 압력 센서 : 탈거 – 장착 참조),
    - 오일 필터 (엔진 오일 – 오일 필터 : 배출 – 주입 참조),
    - 실린더 헤드 (실린더 헤드 : 탈거 – 장착 참조).
- 다음을 장착한다 :
    - 로커 커버 (로커 커버 : 탈거 – 장착 참조),
    - 인렛 에어 플랩 (인렛 플랩 : 탈거 – 장착 참조),
    - 터보차저 (터보차저 : 탈거 – 장착 참조),
    - 터보차저 아웃렛의 배기 가스 덕트 (터보차저 : 탈거 – 장착 참조),
    - 에어 컨디셔닝 컴프레서 (컴프레서 : 탈거 – 장착 참조),
    - 알터네이터 (알터네이터 : 탈거 – 장착 참조),
    - 타이밍 벨트 텐셔너 ,
    - 내부 타이밍 커버 ,
    - 타이밍 벨트 (타이밍 벨트 : 탈거 – 장착 참조),
    - 플라이휠 (플라이휠 : 탈거 – 장착 참조),
    - 클러치 디스크 및 압력 플레이트 (클러치 : 탈거 – 장착 참조).
- 다음을 장착한다 :
    - 인젝터 (디젤 인젝터 : 탈거 – 장착 참조),
    - 연료 레일과 인젝터 사이의 고압 연료 파이프 (레일과 인젝터 간 고압 파이프 : 탈거 – 장착 참조).
- 특수 공구 (RSM 9248) 를 사용하여 플라이휠을 잠근다 .
- 크랭크샤프트 풀리를 장착한다 (드라이브 벨트 – 크랭크샤프트 풀리 : 탈거 – 장착 참조).
- 특수 공구 (RSM 9248) 를 탈거한다 .
- 드라이브 벨트를 장착한다 (드라이브 벨트 – 크랭크샤프트 풀리 : 탈거 – 장착 참조).
- 구성부품 서포트 (10A, 엔진 및 실린더 블록 어셈블리 , 엔진 서포트 장비 : 사용 참조) 에서 엔진을 탈거한다 .
- 엔진에 변속기를 결합한다 (자동변속기 : 탈거 – 장착 참조).
- 엔진 – 변속기 어셈블리를 장착한다 (엔진 – 변속기 어셈블리 : 탈거 – 장착 참조).
- 엔진 오일을 주입한다 (엔진 오일 – 오일 필터 : 배출 – 주입 참조).

엔진 및 실린더 블록 어셈블리
실린더 블록 : 청소

10A

J87/K9K

I - 세척 준비 작업

> **주의**
> 알루미늄 조인트 표면이 긁히지 않도록 한다. 접촉면이 손상되면 누출이 발생할 수 있다.

> **경고**
> 작업 중에는 측면 프로텍터가 있는 보호 안경을 착용한다.

> **경고**
> 작업 중에는 라텍스 장갑을 착용한다.

> **주의**
> 세척 작업 시 세척액이 차량 도장 면에 떨어지지 않도록 하며, 이물질이 실린더 헤드 윤활 통로에 들어가지 않도록 주의하여 세척한다.
> 부주의로 인한 윤활 공급통로의 막힘은 급속히 엔진을 손상시킬 수 있다.

- 엔진 – 변속기 어셈블리를 탈거한다 (**엔진 – 변속기 어셈블리 : 탈거 – 장착** 참조).
- 엔진을 엔진 스탠드에 장착한다 (10A, 엔진 및 실린더 블록 어셈블리, 엔진 서포트 장비 : 사용 참조).
- 실린더 블록을 탈거한다 (10A, 엔진 및 실린더 블록 어셈블리, 실린더 블록 : 탈거 – 장착 참조).

II - 실린더 헤드 세척

- 실린더 블록의 접촉면을 실란트 가스켓 제거제 (**차량 : 정비용 소모품** 참조) 를 사용하여 세척한다.
- 나무 주걱을 사용하여 잔류물을 제거한다.
- **연마용 패드** (**차량 : 정비용 소모품** 참조) 를 사용하여 부품 세척을 마무리한다.

III - 최종 작업

- 실린더 블록을 장착한다 (10A, 엔진 및 실린더 블록 어셈블리, 실린더 블록 : 탈거 – 장착 참조).
- 엔진 – 변속기 어셈블리를 장착한다 (**엔진 – 변속기 어셈블리 : 탈거 – 장착** 참조).

엔진 및 실린더 블록 어셈블리
실린더 블록 : 점검

10A

J87/K9K

필요 장비
실린더 헤드 자
필러 게이지 세트
내장 마이크로미터
다이얼 게이지

경고

수리 작업 전 시스템 손상의 우려가 있는 모든 위험을 방지하기 위해 안전, 청결 지침 및 작업에 대한 가이드라인을 확인한다 (10A, 엔진 및 실린더 블록 어셈블리, 엔진 : 사전 주의사항 참조).

주의

엔진 오일 팬에는 어떠한 힘도 가하면 안 된다. 엔진 오일 팬이 변형되면 엔진에 다음과 같이 영구적인 손상이 발생할 수 있다 :

- 오일 스트레이너의 막힘,
- 오일 레벨이 최대값을 넘어 엔진 공전 발생.

I - 점검 준비 작업

《엔진 및 변속기》 어셈블리를 탈거한다 (엔진 - 변속기 어셈블리 : 탈거 - 장착 참조).

엔진을 구성부품 서포트 위에 위치시킨다 (10A, 엔진 및 실린더 블록 어셈블리, 엔진 서포트 장비 : 사용 참조).

실린더 블록을 딜거한다 (10A, 엔진 및 실린더 블록 어셈블리, 실린더 블록 : 탈거 - 장착 참조).

점검 전 주의사항 :

- 실린더 블록을 청소한다 (10A, 엔진 및 실린더 블록 어셈블리, 실린더 블록 : 청소 참조),
- 실린더 블록에서 실린더, 가스켓 표면 및 크랭크샤프트 베어링 접촉면에 긁힘이나 충격 또는 비정상적인 마모의 흔적이 없는지 점검하고 필요한 경우 실린더 블록을 교환한다.

II - 실린더 블록 점검

1 - 실린더 블록 식별

a - 샤프트 직경

이 엔진에는 76.00 ~ 76.02 mm 사이의 배럴 직경 그레이드 하나만 있다.

b - 실린더 블록 베어링 직경 식별

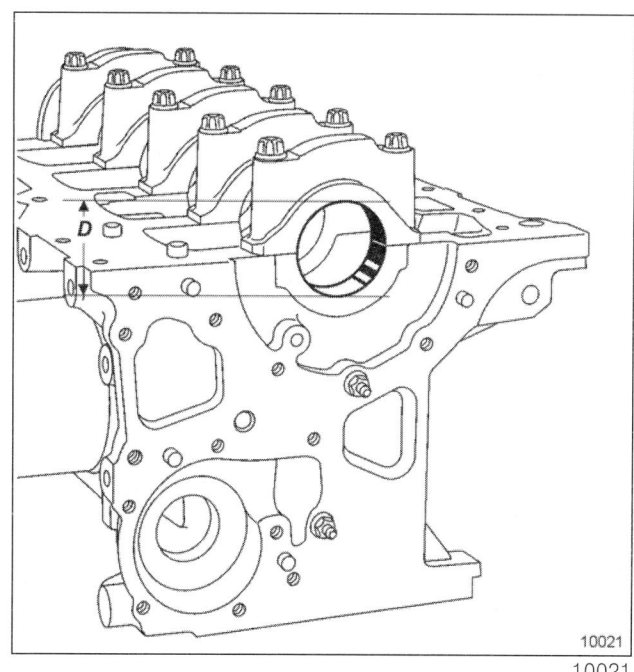

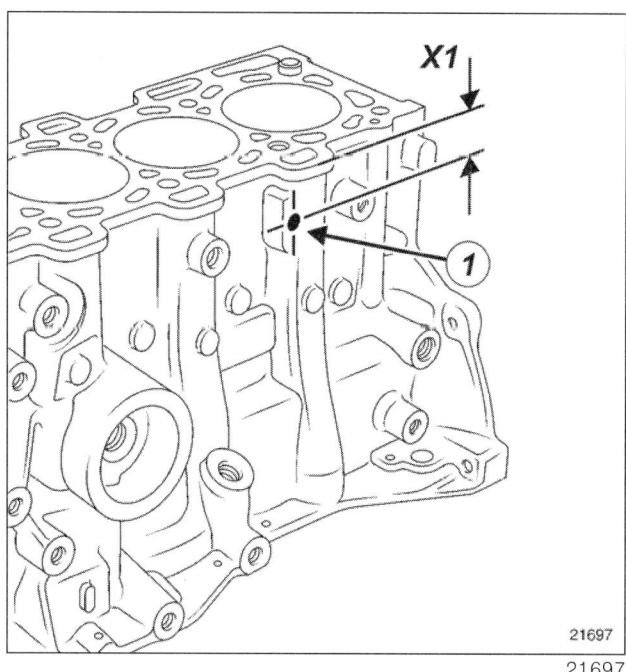

실린더 블록 베어링 직경 (D) 은 오일 필터 위 (1) 에 위치한 드릴 구멍으로 표시된다.

엔진 및 실린더 블록 어셈블리
실린더 블록 : 점검

10A

J87/K9K

실린더 블록 접촉면에 상대적인 구멍 (1) 의 위치 (X1) 가 실린더 블록 베어링 직경을 결정한다.

실린더 블록 베어링 직경 그레이드 테이블

구멍 위치 (1) (mm)	그레이드	실린더 블록 베어링 직경 (D)
(X1) = 33	1 또는 파란색	51.936 이상 ~ 51.942 미만
(X1) = 43	2 또는 빨강	51.942 이상 ~ 51.949 미만

2 - 실린더 블록 가스켓 표면 평탄도 점검

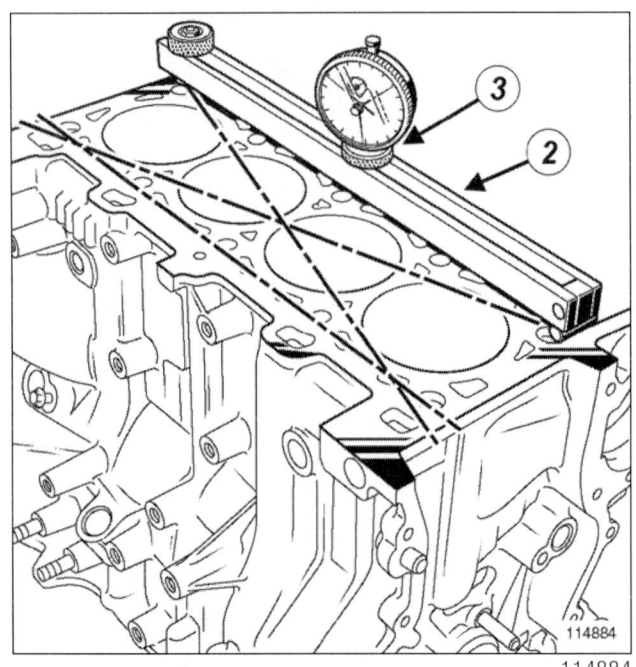

자 (2) 와 《다이얼 게이지 - 서포트》 어셈블리 (3) 또는 **실린더 헤드 자**와 **필러 게이지 세트**를 사용하여 실린더 블록 가스켓 표면의 평탄도를 점검한다.

실린더 블록 가스켓 표면 최대 변형 : 0.03 mm.

주의

절삭은 허용되지 않는다.

3 - 실린더 블록측 크랭크샤프트 베어링의 직경 점검

1 번 캡을 플라이휠 엔드에 배치하여 크랭크샤프트 베어링 캡을 장착한다 (10A, 엔진 및 실린더 블록 어셈블리 , 크랭크샤프트 : 탈거 - 장착 참조).

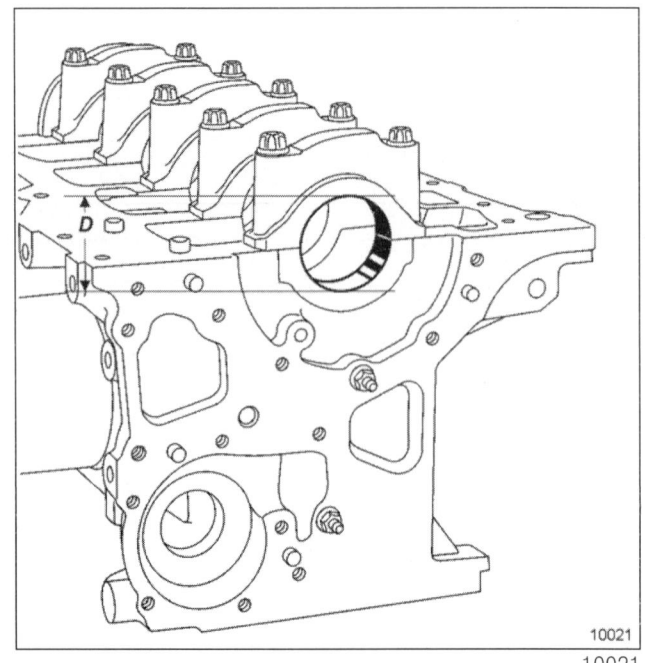

내장 마이크로미터를 사용하여 크랭크샤프트 베어링의 내경 (D) 을 측정한다. 측정 값은 51.936 ~ 51.949 mm 사이여야 한다.

측정 값을 실린더 블록에 표시된 직경 그레이드와 비교한다 (실린더 블록 베어링 직경 그레이드 테이블 참조).

크랭크샤프트 베어링 캡을 탈거한다.

엔진 및 실린더 블록 어셈블리
실린더 블록 : 점검

10A

J87/K9K

4 – 배럴의 직경 , 가로 방향 런아웃 및 테이퍼 점검

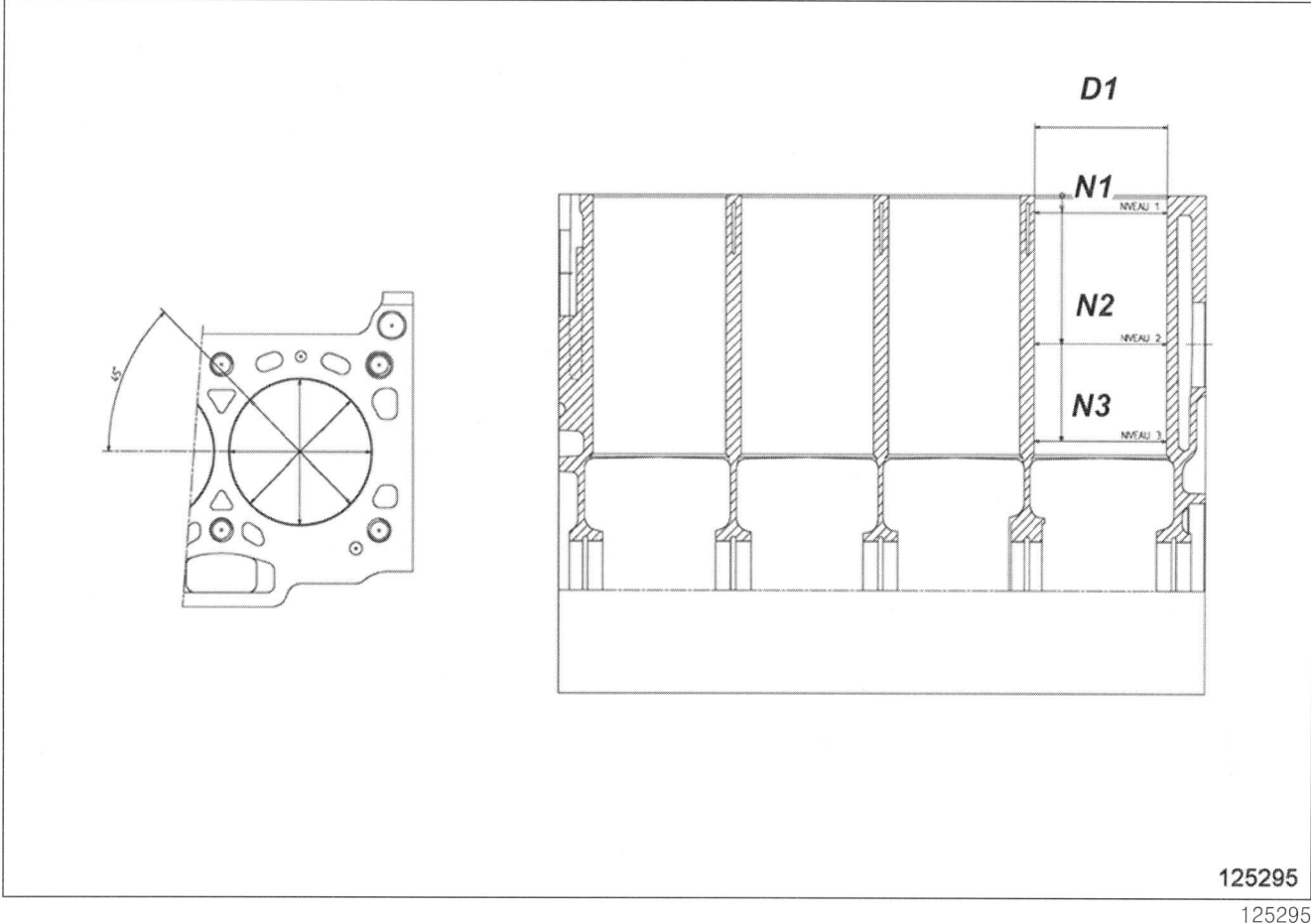

다이얼 게이지를 사용하여 실린더 헤드 접촉면으로부터 10 mm, 64 mm 및 117 mm 깊이의 세 가지 수준 (N1), (N2) 및 (N3) 에서 45 도 간격 (4 개의 대각선) 으로 실린더 블록 배럴의 직경 (D1) 을 측정하고 각 실린더에 대해 이 12 개 직경 값을 기록한다 .

이 48 개의 직경 측정 값이 모두 배럴 직경 공차 내에 있는지 점검한다 .

배럴의 직경 (D1) 은 76.00 ~ 76.02 mm 사이여야 한다 .

각 실린더의 각 깊이 수준에서 최대 직경과 최소 직경의 차이가 가로 방향 런아웃 공차 내에 있는지 점검한다 .

허용된 최대 가로 방향 런아웃은 0.01 mm 이다 .

각 실린더 배럴의 각 직경에 대한 동일한 세로 평면에서 최대 직경과 최소 직경의 차이가 테이퍼 공차 내에 있는지 점검한다 .

허용된 최대 테이퍼는 0.01 mm 이다 .

5 – 냉각수 펌프 점검

냉각수 펌프에 유격이나 저항이 없는지 점검한다 .

III – 최종 작업

실린더 블록을 장착한다 (10A, 엔진 및 실린더 블록 어셈블리 , 실린더 블록 : 탈거 – 장착 참조).

구성부품 서포트에서 엔진을 탈거한다 (10A, 엔진 및 실린더 블록 어셈블리 , 엔진 서포트 장비 : 사용 참조).

《엔진 및 변속기》 어셈블리를 장착한다 (엔진 – 변속기 어셈블리 : 탈거 – 장착 참조).

르노삼성자동차 도서목록

※ 참고 : 아래 정가는 원자재의 상승 등으로 변동될 수 있음, 또한 절판된 매뉴얼은 주문 제작도 가능함

차 종	승 용 차 도 서 명	정 가	차 종	승 용 차 도 서 명	정 가
SM5 서비스 매뉴얼	엔 진	15,000	SM5 서비스 매뉴얼 (2010년판)	리페어매뉴얼(MR436)	37,000
	섀 시	16,000		바디리페어매뉴얼(MR437)	19,500
	전 장	14,000		바디리페어매뉴얼(TN6020A)	7,500
	LPG	25,000	QM5 리페어 매뉴얼	정비 I (MR420)	41,000
	전기배선도	28,000		정비 II (MR420)	42,000
	가솔린편(보충판 I)	16,000		정비 (MR421)	25,000
	보충판(II: KLEV)	9,700			
	보충판(III: NPQ)	10,500			
	New LPG	43,000			
	보충판(I : DF M1G/LPG)	28,000			
	배선도북(DF)	19,000			
SM3 서비스 매뉴얼	엔진·전장	17,000			
	섀 시	15,500			
	보충판(I : KGN-E)	9,500			
	보충판(II : QG16)	23,000			
	보충판(III: CF QG15/16)	32,500			
뉴 SM3 서비스 매뉴얼	리페어매뉴얼(MR445)	40,000			
	바디리페어매뉴얼(MR446)	25,000			
	오버홀매뉴얼 H4M엔진(TN6049E) / JH3TM(TN6029A)	11,500			
	SM3_M4R 리페어매뉴얼(MR445)/바디리페어매뉴얼(MR446)	14,000			
QM3 리페어 매뉴얼 (2013년판)	리페어(MR469)	28,000			
	바디리페어(MR470)	11,000			
	오버홀 K9K 엔진(TN6006A)	5,000			
SM7 서비스 매뉴얼	엔 진	30,000			
	섀 시	39,000			
	전장회로도(I 편)	35,000			
	전장회로도(II편)	35,000			
	보충판(I : KOBD)	13,000			
	보충판(I : LF 엔진, 섀시,전장)	12,500			
	배선도북(LF)	21,000			
SM7 서비스 매뉴얼 (2011년판)	리페어(MR433)	51,000			
	바디리페어(MR434)	19,000			

♣ 전화 「(02) 713-4135」로 주문(책명, 수령자의 주소, 성명, 전화번호, 송금은행)하십시오.

♣ 송료는 수신자 부담입니다.

은 행 명	계 좌 번 호	예 금 주
농 협	065 - 12 - 078080	김 길 현
우 체 국	012021 - 02 - 023279	골 든 벨

제 목 : **QM3** 오버홀 매뉴얼 K9K 엔진(TN6006A)
발행일자 : 2016년 3월 25일 발 행
저 자 : 르노삼성자동차(주) 서비스&부품 엔지니어링팀
발 행 인 : 김 길 현
발 행 처 : 도서출판 골든벨 　　　　　서울시 용산구 원효로 245(원효로 1가 53-1) 　　　　　◆ http : // www.gbbook.co.kr 　　　　　◆ E-mail : 7134135@naver.com
등 록 : 제 3-132호(1987. 12. 11)
대표전화 : 02) 713－4135
F A X : 02) 718－5510
정 가 : 5,000원
PUB NO: OHHK1312 - R1
I S B N : 979-11-5806-103-6

※ 본 책에서 저자 및 발행처의 동의없이 내용의 일부 또는 도해를 무단복제할 경우 저작권법에 저촉됩니다.